電工實習－交直流電路

鄧榮斌　編著

全華圖書股份有限公司

編輯大意

一、 本書編輯共分十大單元,是電機系基本電學、電路學之基礎實習,每個實習均分為八大項目:(一)「目的」;(二)「相關知識與原理」;(三)「實習設備與材料」;(四)「接線圖」;(五)「實習步驟」;(六)「注意事項」;(七)「實習結果」;(八)「討論題綱」。可將結果直接填入結果欄內甚為方便。

二、 編者深切體認到,電路實驗之課程,內容相當廣泛且是電機系學生實習之基礎,故步驟力求清楚,實習由淺入深,公式都加方框,以便能清楚的操作應用,此乃本書之一特色。

三、 本書雖細心校訂再三,恐有疏漏之處,敬祈諸先進,不吝指正是幸。

四、 感謝本校甘小訓老師的資料支援,及本校學生江文宏、邱永倉、倪明福、黃國芳等同學的協助實驗、打字、繪圖。更感謝本校電機科林健毓主任的鼓勵,在百忙中,抽空指導,使本書能順利出版。

作者 鄧榮斌 謹識

相關叢書介紹

書號：0630001/0630101
書名：電子學(基礎理論)/(進階應用)
　　　(第十版)
編譯：楊棧雲.洪國永.張耀鴻
16K/592 頁/700 元
16K/360 頁/500 元

書號：0319008
書名：基本電學(第九版)
編著：賴柏洲
16K/656 頁/640 元

書號：0070606
書名：電子學實驗(第七版)
編著：蔡朝洋
16K/576 頁/500 元

書號：0542009/0542108
書名：電子學實驗(上)(第十版)/
　　　(下)(第九版)
編著：陳瓊興
16K/360 頁/400 元
16K/312 頁/400 元

書號：0247602
書名：電子電路實作技術(修訂三版)
編著：蔡朝洋
16K/352 頁/390 元

書號：06052037
書名：電腦輔助電路設計－活用
　　　PSpice A/D －基礎與應用
　　　(第四版)(附試用版與範例光碟)
編著：陳淳杰
16K/384 頁/420 元

書號：0512904
書名：電腦輔助電子電路設計－
　　　使用 Spice 與 OrCAD
　　　PSpice(第五版)
編著：鄭群星
16K/616 頁/650 元

◎上列書價若有變動，請以
　最新定價為準。

流程圖

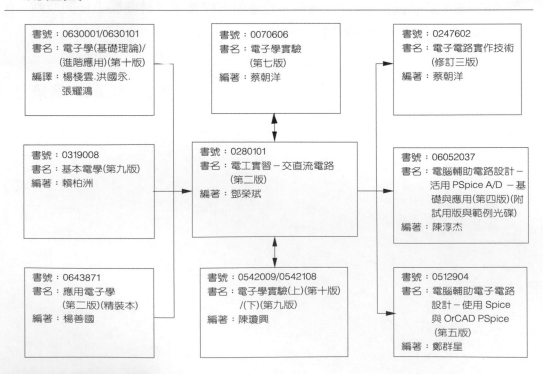

TECHNOLOGY

目　錄

單元一　三用電表之認識與使用

實習 1　三用電表之認識與使用

實習 1　三用電表之認識與使用

◆一、目的

㈠ 電阻之基本測量。

㈡ 直流電流、電壓之基本測量。

㈢ 歐姆定律之實驗。

㈣ 電功率之測量。

◆二、相關知識與原理

　　三用電表又稱萬用電表，使用範圍廣泛，除了使用於電壓、電流及電阻之測量外，又可量測電晶體、電容及電感等多項功能。

　　三用電表之結構如圖（1-1-1）所示：

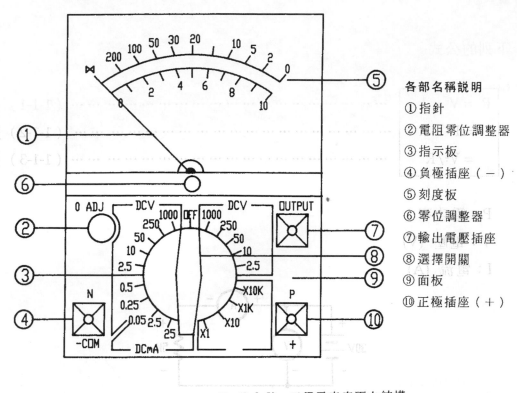

各部名稱說明
①指針
②電阻零位調整器
③指示板
④負極插座（－）
⑤刻度板
⑥零位調整器
⑦輸出電壓插座
⑧選擇開關
⑨面板
⑩正極插座（＋）

圖 (1-1-1)　三用電表表面之結構

1. 檔位選擇：檔位開關轉動時可以測量直流電壓 0.1V、 0.5V、 2.5V、 10V、 50V、 250V 及 1000V。交流電壓 10V、 50V、 250V、 500V 及 1000V。電阻 R×1、 R×10、 R×1K 及 R×10K 等。直流電流 50μA、 2.5mA、 25mA 及 0.25A 等範圍指示。

2. 指針：用來指示正確數值。

3. 歸零鈕：在測量電阻時，因電路中含有內部電池，電池電壓之高低準確度將受到影響，故將測試棒用短路方式連接在一起，欲量測正確電阻值須先調整三用電表內部之電流。

4. 正端插座：插紅色的探棒。

5. 負端插座：插黑色的探棒。

6. 刻度指示盤：刻度指示盤，包括電阻刻度、電流刻度、直流電壓刻度、交流電壓刻度及分貝刻度等，在盤內亦有標示電表之規格與靈敏度等。

　　量測電功率可用瓦特計之外，也可以將電流表串聯及電壓表並聯來量測電功率，如圖（1-1-2）所示，將電表所量測的數據代入下列的公式。

$$P = V \cdot I \quad \cdots\cdots\cdots\cdots\cdots\cdots\cdots\cdots\cdots\cdots\cdots\cdots\cdots\cdots（1\text{-}1\text{-}1）式$$
$$= I^2 \cdot R \quad \cdots\cdots\cdots\cdots\cdots\cdots\cdots\cdots\cdots\cdots\cdots\cdots\cdots（1\text{-}1\text{-}2）式$$
$$= V^2/R \quad \cdots\cdots\cdots\cdots\cdots\cdots\cdots\cdots\cdots\cdots\cdots\cdots\cdots（1\text{-}1\text{-}3）式$$

P：電功率

V：電壓 (V)

I：電流 (A)

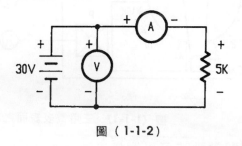

圖（1-1-2）

◆三、實習設備與材料

所需之實習設備與儀器，材料如表（1-1-1）所示。

表（1-1-1）　實習設備與材料

名　　稱	規　　格	單　位	數　量	備　　註
直流電源供應器	DC 30V 3A	部	1	
三用電表	一般型式	台	1	
可變電阻	1K Ω ～ 5K Ω	只	2	
自耦變壓器	0 ～ 120V	台	1	
固定電阻	100 Ω ,200 Ω 300 Ω ,1K/0.5W	只	若干	

◆四、接線圖

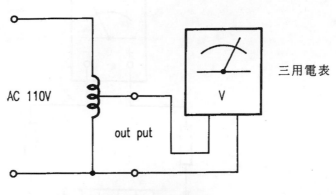

圖 (1-1-3)　交流電源測量

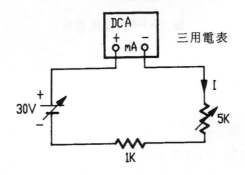

圖 (1-1-4)　直流電流測量

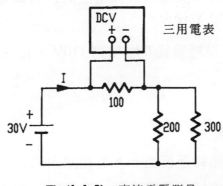

圖 (1-1-5)　直流電壓測量

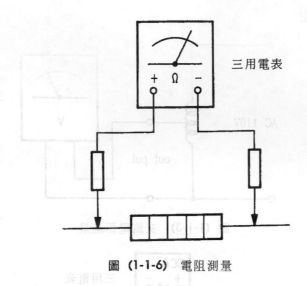

圖 (1-1-6) 電阻測量

◆五、實習步驟

(一) 交流電源測量

1. 接線圖如圖（1-1-3）所示。

2.. 將檔位開關轉至交流檔位，若不知待測電源的電壓的大小，需將檔位開關轉至交流檔最大電壓處，再做檔位變換，直到適當之檔位為止。

3. 使用自耦變壓器從 0 增加到 110V，用三用電表測量其數據填入結果欄內。

(二) 電功率之測量

1. 將檔位開關轉至直流 mA 檔範圍內的最大電流檔位，以防止電流過大時，燒掉三用電表頭，測量時，發現電流值太小，無法讀出正確值時，調整到適當檔位，再測量。

2. 將電阻調整到 1K，將測量之電流值寫在結果欄內。

3. 依公式（1-1-1）算出結果。

4. 將電阻調整到 2K、3K、4K 及 5K 歐姆等值，重覆步驟（2、3），將記錄寫到結果欄內，接線圖如圖（1-1-4）及（1-1-5）所示：

㈢ 直流電流及電壓之測量

1. 將三用電表檔位轉至 DCmA 處的最高檔位，以防電流過大而把三用電表燒毀，若電流過小無法測出正確數值時，變換到適當之檔位。接線圖如圖（1-1-4）所示。

2. 將三用電表與電路串聯，打開電源，即可測得直流電流值。

3. 再將三用電表拿離電路，把檔位轉至 DCV 適當檔位，與電源並聯，即可測得直流電壓值。

4. 將電源調整成 5V、10V、15V、及 20V 等電壓，重覆步驟（2、3）將所得的數據填入結果欄內，接線圖如圖（1-1-5）所示。

㈣ 基本電阻之測量

1. 將三用電表檔位開關轉至歐姆檔 R×1 檔欄位置，再將兩探棒碰在一起，指針停在右邊，調整歸零鈕，做歸零調整。

2. 將兩探棒分別接觸在電阻兩端，且注意手不可接觸到電阻兩端，否則將會影響到測試值的精確度。

3. 若檔位開關選擇到 R×1 檔時，則指針所指的即為正確電阻值，若檔位開關選擇到 R×10 檔時，則指針所指的值再乘 10 即為正確電阻值，若檔位開關選擇到 R×1K 檔時，則指針所指的值再乘 1K 即為正確電阻值，若檔位開關選擇到 R×10K 檔時，則指針所指的值再乘 10K 即為正確電阻值。

4. 將不同的色碼電阻用三用電表測量，然後在將所測量之值填入結果欄內，接線圖如圖（1-1-6）所示。

◆六、注意事項

㈠ 測量電流時與電路串接，而測量電壓時與電路並接，接錯將容易燒毀電表。

㈡ 測量電阻時，要歸零以減少誤差產生。

㈢ 不可在有電源下，測量電阻，以避免燒毀電阻或保險絲。

◆七、實驗結果

㈠ 將實驗結果填入下表（1-1-2）、（1-1-3）、（1-1-4）、（1-1-5）內。

表 **(1-1-2)** AC電壓測量

電壓 (V)	三 用 電 表 檔 位			
	10V 檔	50V 檔	250V 檔	1000V 檔
10				
20				
30				
40				
50				
60				
70				
80				
90				
100				
110				

表 **(1-1-3)** 功率測量

電壓 (V)	負載值 (Ω)					$P = I^2 R$	$P = V^2 / R$	$P = VI$
	1K	2K	3K	4K	5K			
5	$I_1 =$ ___	$I_2 =$ ___	$I_3 =$ ___	$I_4 =$ ___	$I_5 =$ ___			
10	$I_1 =$ ___	$I_2 =$ ___	$I_3 =$ ___	$I_4 =$ ___	$I_5 =$ ___			
20	$I_1 =$ ___	$I_2 =$ ___	$I_3 =$ ___	$I_4 =$ ___	$I_5 =$ ___			
30	$I_1 =$ ___	$I_2 =$ ___	$I_3 =$ ___	$I_4 =$ ___	$I_5 =$ ___			

表 **(1-1-4)** 直流電壓測量

電壓 (V)	電流 (I)	電阻電壓 (V)
5		
10		
15		
20		

表 (1-1-5) 電阻測量

檔 位	電阻 I (Ω)	電阻 II (Ω)	電阻 III (Ω)
R×1			
R×10			
R×1k			
R×10k			

◆八、討論題綱

㈠ 針對實際測量之電壓、電流及電阻詳加討論。

㈡ 試測量人體之電阻,電源之電壓及電線之電阻。

㈢ 當電路短路時,如何用三用電表判斷呢?

單元二　串聯電路實驗

實習 2-1　　直流串聯電路，電阻值之測量實驗

實習 2-2　　直流串聯電路，電壓之測量與克希荷夫電壓定律實驗

實習 2-3　　直流串聯電路，電流之測量實驗

實習 2-4　　直流串聯電路，功率之測量實驗

實習2-1 直流串聯電路，電阻值之測量

◆一、目的

(一) 測量串聯電路之電阻。

(二) 計算串聯電路之電阻。

(三) 繪 V-I 電阻常數特性曲線。

◆二、相關知識與原理

電阻是一百多年前，由喬治‧西蒙‧歐姆先生所提出，如圖（2-1-1）所示：在一簡單電阻電路中，電流值與電壓值若不受其它環境因素影響，其比值是一個固定的常數。

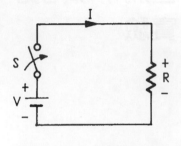

圖 (2-1-1) 簡單基本電路

即 $\boxed{R = \dfrac{V}{I}}$ (Ω) …………………………………………（2-1-1）式

R：電阻，單位歐姆

v：電壓，單位伏特

I：電流，單位安陪

　　由式（2-1-1）中知，電阻 R 與電流 I 成反比，與電壓 V 成正比。所以電阻的性質是阻止電流的流動。在電壓不變時，電阻愈大則負載電流愈小，電阻愈小則負載電流愈大。若一電路其電阻為零，代表短路，則電流無限大。若一電路電流為零，代表電路斷路，其電阻無限大。在一電路中，各種電阻以一個迴路方式連接，稱為串聯電路，如圖（2-1-2）所示，為一串聯電路，其中電阻 R_t 為獨立電阻之和。

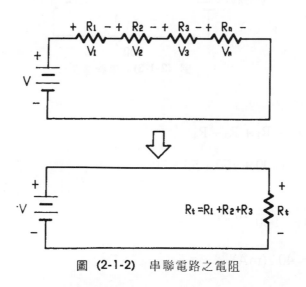

圖 (2-1-2)　串聯電路之電阻

即 $\boxed{R_t = R_1 + R_2 + R_3 + \cdots + R_n}$ …………………………（2-1-2）式

R_t：總電阻，或等值電阻。

　　　　　　R_1、R_2、R_3：各爲獨立電阻。

例（2-1-1） 有一串聯電路其直流電壓爲 20 伏，電流爲 200 毫安，求此電路
之電阻。

解：

$$R = \frac{V}{I} = \frac{20}{200 \times 10^{-3}} = 100 \ (\ \Omega\ )$$

例（2-1-2） 有一串聯電路，如下圖（2-1-3）所示，求此串聯電路之總電阻 R_t，
總電流 I。

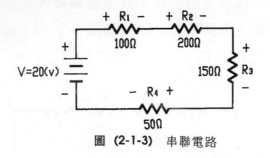

圖 (2-1-3) 串聯電路

解：

①　$R_T = R_1 + R_2 + R_3 + R_4$

　　$= 100 + 200 + 150 + 50 = 500 \ (\Omega)$

②　$I = \frac{V}{R_T} = \frac{20}{500} = 0.04 \ (A)$

　　或 $I = 40 \ (mA)$

◆三、實習設備與材料

　　所需之實習設備與儀器材料如表（2-1-1）所示。

表 (2-1-1) 實習設備與材料

名　　　稱	規　　　格	單　位	數　量	備　　　註
直流電源供應器	DC 30V 3A	部	1	
三　用　電　表	一般型式	台	1	
直　流　電　壓　表	0～30V	台	1	
直　流　電　流　表	0～1A	台	1	
電　　阻　　器	100Ω,200Ω 300Ω,1K/0.5W	只	若干	
電　　　　線	0.6mm 紅,黑	條	若干	
尖　　嘴　　鉗	電子用（8"）	只	1	
麵　　包　　板	小型	塊	1	

◆四、接線圖

如圖（2-1-4）所示接線。

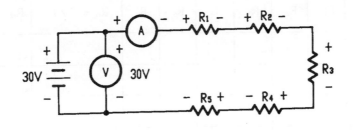

圖 (2-1-4) 串聯電路接線圖

◆五、實習步驟

㈠ 如圖（2-1-4）接線完成。

㈡ 調整直流電源供應器，使電壓分別為 10 伏，20 伏，30 伏。

㈢ 分別記錄電壓值 V，電流值 I，並算出總電阻 R_t。

㈣ 關掉直流電源，用三用電表測量 R_1、R_2、R_3、R_4 及 R_5 電阻，即總電阻 R_t，並記錄於表（2-1-2）。

㈤ 繪出電壓 V 對電流 I 之特性曲線。

◆六、注意事項

㈠ 不可在有電源時，用三用電表歐姆檔測電阻。

㈡ 電流表要串聯，電壓表要並聯，不可接反，否則將燒毀電表。

㈢ 電源供應器的電壓依序增加，不可突然加大。

◆七、實習結果

㈠ 將記錄之數據填入下表（2-1-2）。

表 (2-1-2)

測 量 值		三 用 電 表 歐 姆 檔 測 量 值						計 　 算 　 值	
V	I	R_1	R_2	R_3	R_4	R_5	R_t	$R_{t1} = V/I$	$R_{t2} = R_1 + R_2 + R_3 + R_4 + R_5$
10									
15									
20									
25									
30									

㈡ 依據記錄繪 V-I 特性曲線

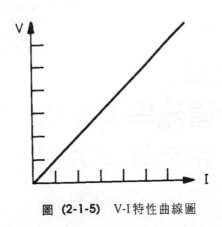

圖 (2-1-5)　V-I特性曲線圖

◆八、討論題綱

(一) 有一串聯電路其電壓為 100 伏，電阻 R_1、R_2 及 R_3 分別為 100 Ω、200 Ω、400 Ω、試求其總電阻及總電流。

(二) 導出總電阻在串聯電路中，各電阻之總和。

(三) 一串聯電路中，電壓源固定不變，則電阻與電流有何關係？（請依據實習結果討論 V-I 特性曲線。）

實習 2-2 直流串聯電路，電壓之測量與克希荷夫電壓定律實驗

◆一、目的

㈠ 測量串聯電路之直流電壓。

㈡ 瞭解克希荷夫電壓定律實驗。

㈢ 計算串聯電路中之直流電壓。

◆二、相關知識與原理

串聯電路為兩個或兩個以上之元件；（包括電阻、電感…等）串聯而成。如圖（2-2-1）所示，其頭與尾連接成一串如糖葫蘆般，且接點間不另連接其它元件。

在串聯電路中，將數個電阻串聯在一起，其電流由電壓之正端出發經由每個電阻，再回到電壓之負端，只有一個迴路，因此電流，在每個電阻元件中是相同的。如圖（2-2-2）中所示，$I_a = I_b = I_c = I$，而串聯電路中之總電阻為各元件之和。

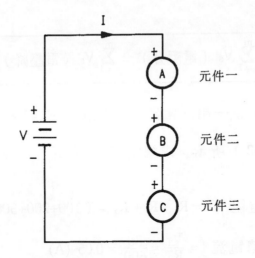

圖 (2-2-1)　串聯電路

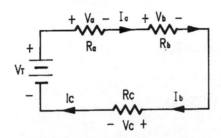

圖 (2-2-2)　串聯電路之電阻

即　$\boxed{R_T = R_a + R_b + R_c}$ …………………………………………（2-2-1）式

因此總電壓 $V_T = I \cdot R_T$ 代入（2-2-1）式中

得　$V_T = I (R_a + R_b + R_c)$

　　　$= I R_a + I R_b + I R_c$

當　$V_a = I R_a$ ，　$V_b = I R_b$ ，　$V_c = I R_c$

則　$\boxed{V_T = V_a + V_b + V_c}$ ……………………………………（2-2-2）式

由（2-2-2）式知，串聯電路中之總電壓升，爲各元件之電壓降

即 $$\boxed{\sum_{s=1}^{m} V_s \text{（電壓升）} = \sum_{s=1}^{m} V_s \text{（電壓降）}}$$ ………………………（2-2-3）式

例（2-1-1）有一串聯電路 $V_T = 30$ 伏， $R_1 = 100\ \Omega$ ， $R_2 = 200\ \Omega$ ， $R_3 = 300\ \Omega$ 如

圖（2-2-3）所示，求總電流 I，各元件電壓 V1、V2、V3

解：

總電阻 $RT = R_1 + R_2 + R_3 = （100+200+300）= 600\ \Omega$

① 總電流 $I = \dfrac{V_T}{R_T} = \dfrac{30}{600} = 0.05$ (A)

② $V_1 = IR_1 = 0.05 \times 100$

$\qquad = 5$ 伏

$V_2 = IR_2 = 0.05 \times 200$

$\qquad = 10$ 伏

$V_3 = IR_3 = 0.05 \times 300$

$\qquad = 15$ 伏

驗證： $V_T = V_1 + V_2 + V_3 = 30$ 伏（正確）

即 $V_T - V_1 - V_2 - V_3 = 0$

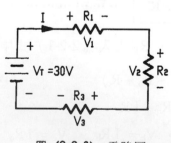

圖 (2-2-3) 電路圖

◆三、實習設備與材料

所需之實習設備與儀器，材料如表（2-2-1）所示。

表 **(2-2-1)** 實習設備與材料

名　　　稱	規　　　格	單　位	數　量	備　　　註
直流電源供應器	DC 30V 3A	部	1	雙電源式
三　用　電　表	一般型式	台	1	
直　流　電　壓　表	0～30V	台	1	可用三用電表替代之
直　流　電　流　表	0～1A	台	1	
電　　阻　　器	100 Ω ,200 Ω 300 Ω ,1K/0.5W	只	若干	可用 1W 之水泥電阻
電　　　　　線	0.6mm 紅 , 黑	條	若干	
尖　　嘴　　鉗	電子用（8"）	只	1	
麵　　包　　板	小型	塊	1	

◆四、接線圖

如圖（2-2-4）所示接線。

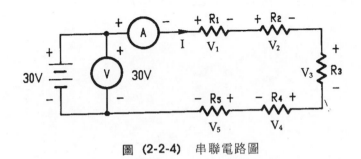

圖 **(2-2-4)** 串聯電路圖

◆五、實習步驟

(一) 如圖（2-1-4）接線完成。

(二) 調整直流電源供應器，使電壓分別為 10 伏， 15 伏， 20 伏。

(三) 分別記錄電壓值 V_T，電流值 I，並算出總電阻 R T。

(四) 記錄 R_1、 R_2、 R_3、 R_4 上各電壓得 V_1、 V_2、 V_3、 V_4 並將其相加。

(五) 增加 V T 電壓並重覆（三、四）步驟。

(六) 拆下直流電源，並分別測出 R_T、 R_1、 R_2、 R_3、 R_4 之值。

(七) 將所測之值，填入表（2-2-2）中。

◆六、注意事項

(一) 不可在有電源時，用三用電表歐姆檔測電阻。

(二) 電壓源不可過大，或忽大忽小，必須由小而大。

(三) 電流表、電壓表不可接錯，且值不可超過電壓表之容量。

(四) 記錄結果要確實。

◆七、實習結果

(一) 將記錄之數據填入下表（2-2-2）。

表 (2-2-2)

測　量　值（加電壓）						計　算　值		三用表測量（不加電源）			
V_T	I	V_1	V_2	V_3	V_4	$V_t = V_1 + V_2 + V_3$ $+ V_4$	$R_{t1} = V_t / I$	R_1	R_2	R_3	R_4
10											
15											
20								$R_t = R_1 + R_2 + R_3 + R_4$ $=$ _____			
25											
30											

㈡ 驗證測量值之 V_T 是否等於計算各電阻之電壓和（$V_1+V_2+V_3+V_4$）。

◆八、討論題綱

㈠ 試導出兩電阻串聯後，各電阻上之分壓。

㈡ 寫出克希荷夫電壓定律之定義。

㈢ 依實驗結果，驗證克希荷夫電壓定律之正確性。

㈣ 今有一串聯電路試求其電壓V_0。當 A 及 B 兩點接一起時求V_1、 V_2 各電阻之電壓。

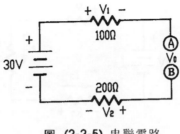

圖 (2-2-5) 串聯電路

實習 2-3　直流串聯電路、電流之測量

◆一、目的

㈠ 測量串聯電路之電流。

㈡ 計算串聯電路之電流，並驗證之。

◆二、相關知識與原理

在 1 個單位時間內，流過串聯元件的電荷量即所謂之 "電流"，電流的單位為安培（A），因此在圖（2-3-1）中，得知流過各電阻器上的電流值都相同。

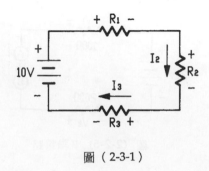

圖（2-3-1）

例（2-3-1）在一個乾電池以 2 安培的穩定電流充電，經過 1 小時後，在乾電池內部的電量 Q 為多少庫侖（C）？

解：

$$\boxed{I = \frac{Q}{t}, \quad Q = I \cdot t} \quad \cdots\cdots\cdots\cdots\cdots\cdots\cdots\cdots\cdots (2\text{-}3\text{-}1)$$

Q ＝電荷，（庫侖）

I ＝電流，（安培）

t ＝時間，（秒）

t ＝60（分鐘）× 60（秒）＝ 3600 秒

Q ＝2（安培）× 3600（秒）＝ 7200 ⇒ Q ＝ 7200（庫侖）

例（2-3-2）某一電線在 10 秒內流過 6.24×10^{20} 個電子數目，試求電流 I 為多少安培？

解：

$$Q = \frac{6.24 \times 10^{20}}{6.24 \times 10^{18}} = 100 （庫侖）$$

所以 $I = \frac{Q}{t} = \frac{100}{10} \Rightarrow I = 10$（安培）

◆三、實習設備與材料

表（2-3-1）

名　　稱	規　　格	單位	數量
直流電源供應器	0～30V，3A	部	1
直流安培表	0～1A	台	1
可變電阻	1KΩ	個	1
電阻器	50Ω，100Ω，330Ω	只	各 1
麵包板	小型	塊	1

◆四、接線圖

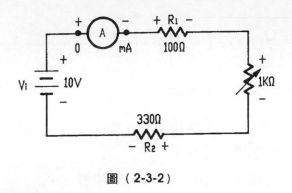

圖（2-3-2）

五、實習步驟

1. 如圖（2-3-2）所示將電路接好，但安培表和電源暫時不接。

2. 將直流電源供應器的正端接至安培計的十端，而直流電源供應器的負端接至330姆的一端，再將安培表的1A檔接至100歐姆的一端。

3. 將電源轉至10伏特，查看安培表顯示之值並記錄於表（2-3-2）欄電壓。

4. 調整可變電阻值，200 Ω，400 Ω，800 Ω等值，重覆步驟 (3) ，記錄於表（2-3-2）內。

◆六、注意事項

1. 安培表是和電路串接。

2. 接安培表時首先置於最大容量檔位，避免燒壞安培表。

3. 直流電源供應器正負端要分清楚。

4. 伏特表與負載電阻並聯。

◆七、實習結果

可變電阻值	200 Ω	400 Ω	800 Ω	備　註
電　流　值				

◆八、討論題綱

㈠ 20安培的電流，通過導體10分鐘，則其通過之電量為多少庫倫，且電子數為若干？

㈡ 串聯電路中各電阻上之電壓，與電阻有何關係？

㈢ 家中之插座，各燈炮是否為串聯連接？若不是為什麼？

㈣ 對本次實驗心得詳加討論。

實習 2-4 直流串聯電路功率之測量

◆一、目的

㈠ 瞭解直流串聯電路中總功率如何計算與測量。

㈡ 瞭解各元件所消耗之功率和總功率之間的關係。

◆二、相關知識與原理

1. 由圖（2-4-1）所示為一直流串聯電路。

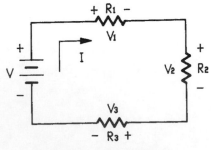

圖 (2-4-1) 直流串聯電路

$$P_t = V \times I = I^2 \times R = V^2 / R$$ ……………………………（2-4-1）式

而各電阻器所消耗的功率如下

$$P_1 = I^2 \times R_1 = V^2_1 / R$$

$$P_2 = I^2 \times R_2 = V^2_2 / R$$

$$P_3 = I^2 \times R_3 = V^2_3 / R$$

又在串聯電路中，或者在並聯電路中，電路的總功率等於各功率和。

即　$\boxed{P_t = P_t + P_2 + P_3}$　………………………………（2-4-2）式

例（2-4-1）如圖（2-4-2）所示，計算總電流（I），及總功率（P）和總電阻（R）和各電阻器的功率

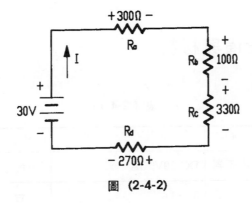

圖 (2-4-2)

$$R = 300 + 100 + 330 + 270 = 1000\Omega$$

$$I = \frac{V}{R} \Rightarrow V = IR \Rightarrow R = \frac{V}{I}$$

$$I = \frac{30}{1000} = 0.03 \ A$$

總功率

$$P = V \times I$$

$$= 30 \times 0.03 = 0.9 \ (W)$$

R_a 電阻器所消耗功率 P_a

$P_a = 300 \times (0.03)^2 = 0.27$ （W）

R_b 電阻器所消耗功率 P_b

$P_b = 100 \times (0.03)^2 = 0.09$ （W）

R_c 電阻器所消耗之功率 P_c

$P_c = 330 \times (0.03)^2 = 0.297$ （W）

R_d 電阻器所消耗之功率 P_d

$P_d = 270 \times (0.03)^2 = 0.243$ （W）

例 (2-4-2) 若已知某電阻的電壓降為 10V，而此電阻所消耗的功率為 30W，試求流經此電阻的電流為多少安培 (A)？

$$P = V \times I \Rightarrow I = P/V$$

即　$I = 30$ （W）$/10$ （V）$= 3$ （A）

◆三、實習設備與材料

表（2-4-1）

名　　　稱	規　　　格	單位	數量
直流電源供應器	DC 30V, 3A	部	1
直 流 安 培 表	0～1A	台	1
直 流 伏 特 計	0～30V	台	1
電　　阻　　器	100Ω, 200Ω, 300Ω, 1KΩ	只	若干
電　　　　　線	0.6mm 紅、黑	條	若干
麵　包　板	小　型	塊	1

◆四、接線圖

如圖（2-4-1）所示接線

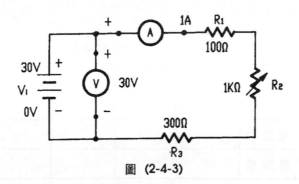

圖 (2-4-3)

◆五、實習步驟

1. 完成如圖（2-4-1）之接線。
2. 調整直流電源供應器的電壓分別為 10V， 20V，及 30V 等。
3. 記錄此時伏特表和安培表之讀值於表（2-4-2）。
4. 再調整可變電阻使其值成為 200 Ω， 400 Ω， 600 Ω， 800 Ω， 1K Ω 等值。並重複 1、 2、 3 之步驟。

◆六、注意事項

1. 接線時，極性要分清楚，安培表是和電路串聯而伏特表是和電路並聯。
2. 直流電源供應器之電壓依序增加，不可突然增大。

◆七、實習結果

表 (2-4-2)

R² 之電阻值	200 Ω	400 Ω	600 Ω	800 Ω	1 KΩ	備註
伏 特 表 讀 值						
安 培 表 讀 值						

◆八、討論題綱

㈠ 針對本次實驗詳加討論。

㈡ 串聯電路中，總功率與各電阻功率有何關係？

㈢ 串聯電路中電流與功率有何關係？

㈣ 今有一電路如下，求其串聯電路各電阻之功率，及總功率。

設 $R_1 = 100$ Ω
　 $R_2 = 200$ Ω
　 $R_3 = 100$ Ω
　 $R_4 = 300$ Ω

單元三　並聯電路實驗

實習 3-1　直流並聯電路電阻值之測量實驗

實習 3-2　直流並聯電壓之測量實驗

實習 3-3　直流並聯電路電流之測量與克希荷夫電流定律實驗

實習 3-4　直流並聯電功率之測量實驗

實習 3-1　直流並聯電路電阻值之測量

◆一、目的

㈠ 測量並聯電路之電阻
㈡ 計算並聯電路之電阻

◆二、相關知識與原理

　　兩個元件或兩個以上元件同時分別接於兩個公共接點者稱之爲並聯，如圖（3-1-1）所示。

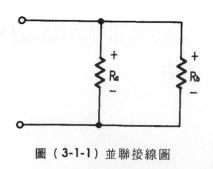

圖（3-1-1）並聯接線圖

則此並聯電路的總電阻 $\dfrac{1}{R_t} = \dfrac{1}{R_a} + \dfrac{1}{R_b}$ 依此類推，

假設 N 個 R_a 電阻值都一樣

則總電阻值為 $\boxed{R_t = \dfrac{R_a}{N}}$ …………………………………（3-1-1）式

例（3-1-1）如圖（3-1-2）求出總電阻 R_t？並且繪出等效電路

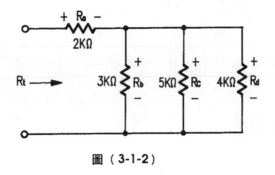

圖（3-1-2）

解：

$$R_t = 2K + \cfrac{1}{\cfrac{1}{3K} + \cfrac{1}{5K} + \cfrac{1}{4K}} = 1.277\ K\Omega$$

例（3-1-2）有兩個電阻，一個電阻值為 270 姆以及另一個電阻值為 330 歐姆，試求兩電阻並聯後總電阻為多少？

$$R_t = \frac{R_1 R_2}{R_1 + R_2}$$

$$\therefore R_t = \frac{270 \times 330}{270 + 330} = 148.5\ 歐姆$$

◆三、實習設備與材料

表（3-1-1）設備規格表

名　　稱	規　　　　格	單　位	數　量	備　　註
三 用 電 錶	一般型	台	1	
電　阻　器	1KΩ，2KΩ，3KΩ	只	若干	
可 變 電 阻	5KΩ，10KΩ	只	若干	

◆四、接線圖

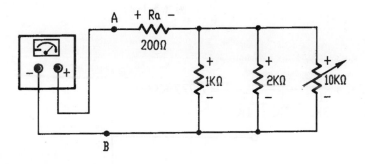

圖（3-1-3）電阻並聯接線圖

◆五、實習步驟

㈠ 完成如圖（3-1-3）之接線。

㈡ 將三用電錶的檔位開關選擇歐姆檔，先將兩探棒接觸在一起，觀看是否歸零，若在無法歸零，調整歸零鈕，使指針指在零點。

㈢ 將三用電錶的二探棒分別接 A 點和 B 點，並且將檔位開關選擇於 R×1檔，查看此時歐姆值多少？記錄於表欄內。

㈣ 調整可變電阻，使可變電阻調成 2K，4K，6K，8K等值，重複步驟 ㈠、㈡、㈢。

㈤ 且用公式（3-1-1）將值算出，兩數值相互比較，並記錄於表（3-1-2）內。

◆六、注意事項

1. 使用 R×10 檔，R×1K，R×10K 檔時，注意電阻值要乘以 10，1K，10K，才是正確的數值。
2. 使用三用電錶測量電阻前，都要做歸零步驟，數值才會正確。

◆七、實習結果

表（3-1-2）

歐姆值 ╲ 檔　位	可變電阻值					備　　註
	2K	4K	6K	8K	10K	
R×1						
R×10						
R×1K						
R×10K						

◆八、討論題綱

㈠ 針對本實驗詳加討論。
㈡ 如圖（3-1-3）可變電阻值為零時，總電阻為多少？

實習 3-2 直流並聯電壓之測量

◆一、目的

㈠ 瞭解直流並聯電路中各元件之電壓測量。

㈡ 瞭解直流並聯電路中各元件之電壓計算方法。

◆二、相關知識與原理

並聯電路是由兩元件或者兩個元件以上，分別與電壓源連接。如圖 (3-2-1) 所示電阻 R_a、 R_b 和 R_c，同時與電壓源並聯。因此 V_i 之電壓分別等於 V_a、 V_b、 V_c 之值。

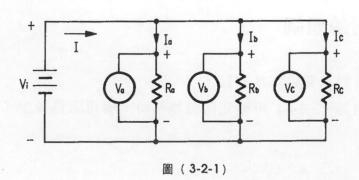

圖（3-2-1）

例（3-2-1）如圖（3-2-2）所示之電路已知各電阻 $R_1 = 4K\Omega$， $R_2 = 2K\Omega$， $R_3 = 1K\Omega$， $R_4 = 800K\Omega$，電壓源為 100V，求出總電流 I（A）？

$$\frac{1}{R_t} = \frac{1}{R_1} + \frac{1}{R_2} + \frac{1}{R_3} + \frac{1}{R_4}$$

$$\therefore \frac{1}{R_t} = \frac{457}{1371} = 333.4 \ \Omega$$

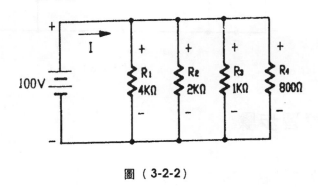

圖（3-2-2）

◇ 三、實習設備與材料

名　　　　稱	規　　　格	單　位	數　　量
直流電源供應器	DC30V，3A，雙電源	部	1
直流伏特表	DC30V	台	3
電　阻　器	100Ω，200Ω，300Ω，1KΩ	個	若干
可　變　電　阻	5KΩ	個	若干

◇ 四、接線圖

如圖（3-2-3）所示接線。

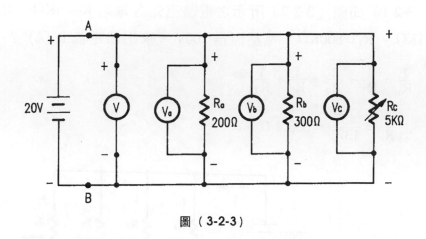

圖（3-2-3）

◆五、實習步驟

1. 完成如圖（3-2-3）接線。
2. 將直流電源供應器的正端接至圖中 A 之位置，而負端接至圖中 B 之位置，打開電源供應器，旋轉至 20V。
3. 將 V_a，V_b，V_c 所測量的數據記錄於表（3-2-2）
4. 驗証 $V_i = V_a = V_b = V_c$。
5. 調整可變電阻值 1K，2K，3K，4K，5K 等歐姆值。
6. 並重覆 (3)，(4)，(5) 之步驟，並記錄於表（3-2-2）中。

◆六、注意事項

1. 使用三用電錶時、檔位要正確使用。
2. 電源供應器，極性不可接錯，以免燒毀電路。

◆七、實習結果

表（3-2-2）

可變 電阻值	V	V_a	V_b	V_c
1K				
2K				
3K				
4K				
5K				

◆八、討論題綱

㈠ 如圖（3-2-4），當 V =100， $R_1 = 100\ \Omega$， $R_2 = 300\ \Omega$， $R_3 = 600\ \Omega$，

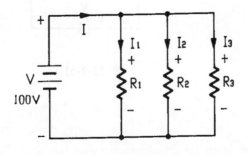

圖（3-2-4)

求總電流 I，各分路電流 I_1 , I_2 , I_3 。

㈡　①試求 I_2 之電流？

　　②求 A 點之電流？

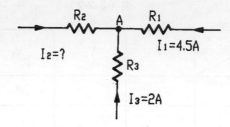

㈢　如下圖 (3-2-5) 所示，當 V = 100V，求 I_1，I_2，I_5 之電流。

設：$R_1 = 100 \ \Omega$，$R_2 = 200 \ \Omega$，$R_3 = 400 \ \Omega$

　　$R_4 = 600 \ \Omega$，$R_5 = 800 \ \Omega$

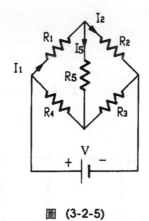

圖 (3-2-5)

實習 3-3 直流並聯電路電流之測量與克希荷夫電流定律實驗

◆一、目的

㈠ 瞭解直流並聯電路中電流之測量。

㈡ 用實習証明克希荷夫電流定律。

㈢ 瞭解直流並聯電路中電流之計算方法。

◆二、相關知識與原理

如圖（3-3-1）所示，R_a，R_b，R_c 相互並聯，且流過每一電阻器上的電流 I_a，I_b，I_c 都稱為分路電流，每個分路都由總電源流入到不同的負載，產生電流 I_a，I_b，I_c。

如圖（3-3-2）所示，其中任一電路流入某一點之電流和等於流出該點之電流和，亦即任何節點之電流代數和為 0，稱為克希荷夫電流定律，簡稱 KCL。圖中 I_a 及 I_b 流入節點假設為正，而 I_c，I_d 及 I_e 流出假設為負，且也可寫成 $-I_c$，$-I_d$ 及 $-I_e$ 流入節點，等表示方法。

即 $\boxed{I_a + I_b + (-I_c) + (-I_d) + (-I_e) = 0}$ …………………………（3-3-1）式

$$\therefore \boxed{I_a + I_b - I_c - I_d - I_e = 0} \quad \cdots\cdots\cdots\cdots\cdots\cdots\cdots\cdots（3\text{-}3\text{-}2）式$$

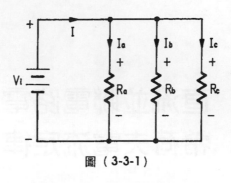

圖（3-3-1）

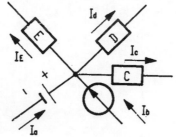

圖（3-3-2）

例（3-3-1）求圖（3-3-3）中之未知電流爲多少？

解：$I_a = I_b + I_c$

$\quad\therefore I_a = 1 + 0.35 = 1.35$ (A)

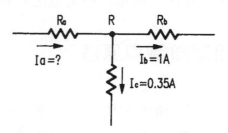

圖（3-3-3）

例（3-3-2）圖（3-3-4）中之試求各分路電流爲多少？

解：$I_a = \dfrac{V_i}{R_a} = \dfrac{30}{1.5K} = 20$ (mA)

$\quad I_b = \dfrac{V_i}{R_b} = \dfrac{30}{2K} = 15$ (mA)

$\quad I_{cx} = \dfrac{V_i}{R_c} = \dfrac{30}{3K} = 10$ (mA)

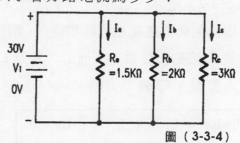

圖（3-3-4）

◆三、實習設備與材料

名　　　　稱	規　　　　格	單　位	數　量
直流電源供應器	DC30V，3A，雙電源	部	1
直 流 安 培 表	0～1A	台	3
電 　 阻 　 器	100Ω，200Ω，300Ω，1KΩ	個	4
可 　 變 　 電 　 阻	5KΩ	個	1

◆四、接線圖

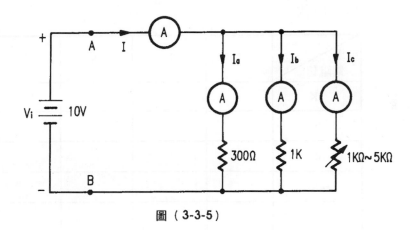

圖（3-3-5）

◆五、實習步驟

1. 如圖（3-3-5）接線完成。
2. 將直流電源供應器的正端接至圖中的 A 號點，而負端接中 B 號點。
3. 將直流電源供應器的輸出電壓調整成 10V。
4. 記錄電流 I_i，I_a，I_b，I_c 於表（3-3-2）中。
5. 証明 $I_i = I_a + I_b + I_c$。

6. 調整可變電阻值 1K ，2K ，3K ，4K ，5K 等歐姆。
7. 重覆以上步驟。

◆六、注意事項

1. 直流電源供應器的電壓要慢慢增加，不可突然加大。
2. 不可在有電壓之下，測量歐姆值。
3. 注意每個電阻值之耐壓及容量。

◆七、實習結果

$V_i = 10$ 伏

可變電阻值	I_i	I_a	I_b	I_c	備　　註
1K					
2K					
3K					
4K					
5K					

◆八、討論題綱

㈠ 如圖（3-3-6）所示

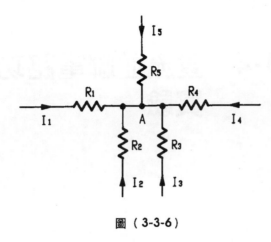

圖（3-3-6）

設 $R_1 = R_2 = 100\ \Omega$

$R_3 = R_4 = 200\ \Omega$

$R_5 = 500\ \Omega$

$I_1 = 1A$ ， $I_2 = 1A$ ， $I_3 = 0.5A$ ， $I_4 = 1.5A$

① 則 $I_5 = $ ？

② 求 A 點之總電流。

實習 3-4　直流並聯電路功率之測量實驗

◆一、目的

㈠ 了解直流並聯電路中總功率如何計算與測量。

㈡ 各元件所消耗功率和總功率之間關係。

◆二、相關知識與原理

如圖（3-4-1）表示，為一直流並聯電路，在此並聯電路的總功率為 $P = V_i \times I_i = V_i^2/R = I_i^2 \times R$。且各分路所消耗的功率為 $P_a = V_i \times I_a = V_i^2/R_a = I_a^2 \times R_a$，$P_b = V_i \times I_b = V_i^2/R_b = I_b^2 \times R_b$，$P_c = V_i \times I_c = V_i^2/R_c = I_c^2/R_c$ 此電路的總功率為

$$P_t = P_a + P_b + P_c \quad \cdots\cdots\cdots\cdots\cdots\cdots\cdots\cdots\cdots\cdots\cdots（3\text{-}4\text{-}1）$$

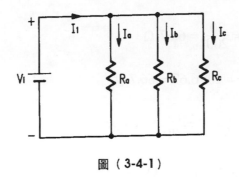

圖（3-4-1）

例（3-4-1）如圖（3-4-1）所示，設 $V_i = 60V$ ， $R_a = 600\,\Omega$ ， $R_b = 300\,\Omega$ ， $R_c =$ 900 Ω ，試求總電流 $I_1 = ?$ 各分路電流 I_a ， I_b ， $I_c = ?$ 以及每個電阻所消耗功率和總功率 $= ?$

解：

$$I_1 = I_a + I_b + I_c = \frac{60}{600} + \frac{60}{300} + \frac{30}{900}$$

$$= \frac{180 + 360 + 60}{1800} = 0.333 \ (A)$$

$$I_a = \frac{V_i}{R_a} = \frac{60}{600} = 0.1A$$

$$I_b = \frac{V_i}{R_b} = \frac{60}{300} = 0.2A$$

$$I_{cx} = \frac{V_i}{R_c} = \frac{60}{900} = 0.067A$$

$$P_T = P_a + P_b + P_c = 0.1^2 \times 600 + 0.2^2 \times 300 + 0.067^2 \times 900$$

$$= V_i\,I_i = 0.333 \times 60 \doteqdot 19.98 \ (W) \doteqdot 20W$$

例（3-4-2）如圖（3-4-2）所示之並聯電路，設流經電路之總電流 $I = 10A$ 試求總電壓 V_i 及各分路電流以及總功率 $P = ?$

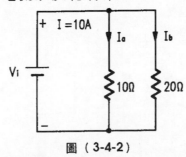

圖（3-4-2）

解： $R_t = \dfrac{10 \times 20}{10 + 20} = \dfrac{30}{200} = 6.67\ \Omega$

$V_i = R_t\,I = 10 \times 6.67 = 66.7$ 伏

$I_a = \dfrac{R_2\,I}{R_1 + R_2} = \dfrac{20 \times 10}{30} = 6.67$　(A)

$I_b = \dfrac{10 \times 10}{30} = 3.33$　(A)

$\therefore P = I\,V_t = 66.7 \times 10 = 667$　(W)

◆三、實驗設備與材料

表（3-4-1）

名　　　　稱	規　　　　格	單　　位	數　　量
直流電源供應器	DC30V，3A，雙電源	部	1
直 流 安 培 表	DC3A	台	4
直 流 伏 特 表	DC30V	台	1
電　　阻　　器	100 Ω，200 Ω，300 Ω，1K Ω	個	若干
可 變 電 阻	10K Ω	個	若干

◆四、接線圖

如圖（3-4-3）接線圖所示。

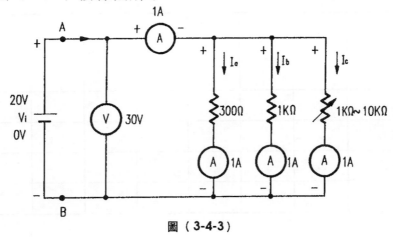

圖（**3-4-3**）

◆五、實習步驟

1. 如圖（3-4-3）完成接線。
2. 將直流電源供應器的正端接至圖中 A 號點，而將負端接至 B 號點，打開電源供應器，將電壓調整到 20V。
3. 用直流安培表所測得 I_i，I_a，I_b，I_c，記錄於表（3-4-1）中。
4. 驗証是否 $I_i = I_a + I_b + I_c$。
5. 改變可變電阻值成 2K，4K，6K，8K，10K 等歐姆。
6. 利用公式 $P = V_i \times I_i$ 並計算各分路功率 Pa，Pb，Pc 記錄表（3-4-1）中。
7. 重覆 (3) (4) (5) (6) 步驟。

◆六、注意事項

1. 安培表用串聯接法，電壓表用並聯接法。
2. 直流電源供應器極性勿相反。

◆七、實習結果

表（3-4-1）

可變電阻值	I_i	I_a	I_b	I_c	P	P_a	P_b	P_c
2K Ω								
4K Ω								
6K Ω								
8K Ω								
10K Ω								

◆八、討論題綱

㈠ 並聯電路中其總功率與各分路之功率關係為何？

㈡ 針對本實驗之結果，討論總功率是否為各功率之和？

㈢ 今有一並聯電路如下（圖3-4-4），求其各電阻之功率及電路之總功率。

設：V = 60 伏

$R_1 = 100\Omega$

$R_2 = 200\Omega$

$R_3 = 200\Omega$

$R_4 = 100\Omega$

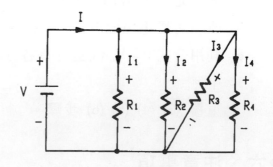

圖 (3-4-4)

單元四　串並聯電路實驗

實習 4-1 串並聯電路電阻、電壓、電流之測量實驗

◆一、目的

　　㈠ 瞭解直流串並聯電路之電阻測量。

　　㈡ 瞭解直流串並聯電路之電壓測量。

　　㈢ 瞭解直流串並聯電路之電流測量。

◆二、相關知識與原理

　　由數個電阻做串並聯所組成之電路稱為串並聯電路。如下圖（4-1-1）所示為一簡單之串並聯電路，其總電流為：

例 (4-1-1)

$$I = \frac{V}{R_T} = \frac{106}{(20+18)+(30 /\!/ 30)}$$

$$I = \frac{106}{20+18+15}$$

$$= 2 \ (A)$$

其 V_a，V_b，V_c 之電壓分別為：

$$V_a = \frac{R_a \times V}{R_T} = \frac{20 \times 106}{53} = 40 \text{ 伏}$$

$$V_b = \frac{R_b \times V}{R_T} = \frac{18 \times 106}{53} = 36 \text{ 伏}$$

$$V_c = \frac{R_c \times V}{R_T} = \frac{\left(\frac{30 \times 30}{30 + 30}\right) \times 106}{53} = 30 \text{ 伏}$$

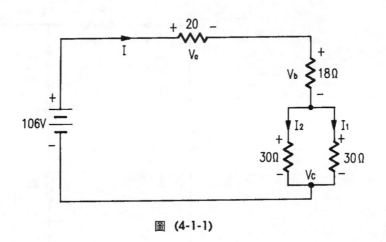

圖 (4-1-1)

　　因此要計算串並聯電路之電流，電壓值，必須先計算出總電阻，再利用分壓法則求其各電阻之電壓。而各電阻之電流，可由各電阻之電壓，分別除以各電阻即可得到解答。

　　如上題分別可得 I，I_1，I_2 之解爲：

$$I = \frac{V}{R_T} = \frac{106}{53} = 2A$$

$$I_1 = \frac{V_c}{R_1} = \frac{30}{30} = 1A$$

$$I_2 = \frac{V_c}{R_2} = \frac{30}{30} = 1A$$

例（4-1-2）如下圖（4-1-2）所示爲一串並聯電路，求此電路之相關電阻，電壓及電流並繪其等效電路圖。

設：V = 100V

R₁ = 50 Ω

R₂ = 40 Ω

R₃ = 60 Ω

R₄ = 20 Ω

R₄ = 30 Ω

R₅ = 50 Ω

4-1-2

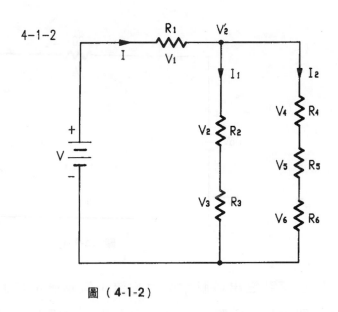

圖（4-1-2）

解：

$$總電阻\ R_t = R_1 + \frac{(R_2 + R_3)\,(R_4 + R_5 + R_6)}{(R_2 + R_3) + (R_4 + R_5 + R_6)}$$

$$= 50 + \frac{(40 + 60)(20 + 30 + 50)}{(40 + 60) + (20 + 30 + 50)}$$

$$= 100\ \Omega$$

$$I = \frac{V}{R_T} = \frac{100}{100} = 1A$$

$$V_2{'} = \frac{(R_2 + R_3)\ (R_4 + R_5 + R_6) \times V}{R_T}$$

$$= \frac{50 \times 100}{100} = 50 \text{ V}$$

$$I_1 = \frac{V_2{}'}{R_2 + R_3} = \frac{50}{100} = 0.5A$$

$$I_2 = \frac{V_2{}'}{R_4 + R_5 + R_6} = 0.5A$$

$$\therefore \quad V_1 = I \, R_1 = 1 \times 50 = 50 \text{ 伏}$$

$$V_2 = I \, R_2 = 0.5 \times 40 = 20 \text{ 伏}$$

$$V_3 = I \, R_3 = 0.5 \times 60 = 30 \text{ 伏}$$

$$V_4 = I_2 \, R_4 = 0.5 \times 20 = 10 \text{ 伏}$$

$$V_5 = I_2 \, R_5 = 0.5 \times 30 = 15 \text{ 伏}$$

$$V_6 = I_2 \, R_6 = 0.5 \times 50 = 25 \text{ 伏}$$

其最終等效電路圖為：

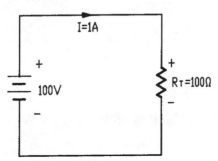

◆三、實習設備與材料

表（4-1-1）

名　　　　　稱	規　　　格	單　　位	數　　量	備　　　　註
電 源 供 應 器	DC，30V，3A	台	1	
電 流 表	DC，0.1～1A	台	1	
三 用 表	一般型	台	1	
電 阻 器	100 Ω，200 Ω	個	若干	

◆四、接線圖

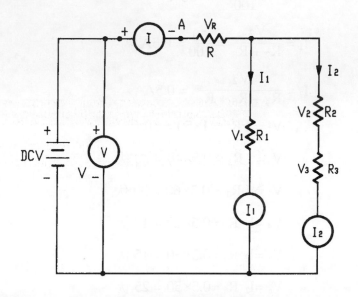

圖（**4-1-3**）串並聯電路接線圖

◆五、實習步驟

(一) 如圖（4-1-3）所示接線。

(二) 以三用表分別測出各電阻電壓 V_R，V_1，V_2，V_3 並記錄於表（4-1-2）內。

(三) 由安培計或三用表切到電流檔，分別測出 I_1，I_2，I 並記錄於表內。

(四) 以歐姆定律算出其總電阻 $R = \dfrac{V}{I}$。

(五) 驗算其電流，電阻，電壓是否與測量之值相符。

◆六、注意事項

(一) 不可用並聯，測量電流。

(二) 三用表測總電阻時不可送電。

㈢ 多做幾次實習以免誤差太大。

◆七、實習結果

㈠ 如表（4-1-2）所示，將記錄填入表內。

V	V_R	V_1	V_2	V_3	I	I_1	I_2	R	R_1	R_2	R_3	$R_T = \dfrac{V}{I}$	備　　　註
10													R_T ＝ ？（三用表測）
15													
20													
25													
30													

◆八、討論題綱

㈠ 用三用表測之總電阻 R_T 與用歐姆定律算之 R_T 有何不同？

㈡ 求下圖（4-1-4）A．B間之總電阻值？

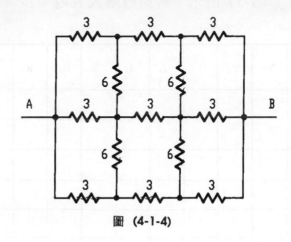

圖 (4-1-4)

實習 4-2　重疊定理實驗

◆一、目的

㈠ 探討重疊定理之定義。

㈡ 瞭解重疊定理之實驗方法，並驗証其眞實性。

◆二、相關知識與原理

重疊定理之定義即數個電源同時存在一線性電路中，各元件上的電流或電壓，爲各單獨電源作用時所產生電流或電壓之代數和。因此在討論各電源所產生之效應時，先將其他未討論之電源移開，移開之方法爲，將電壓源短路，電流源斷路。因只適用於線性電路中，功率之計算並不適用於重疊定理。

例（4-2-1）如圖（4-2-1）所示，試求流經 6 Ω 的電流？

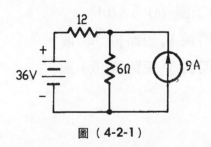

圖（4-2-1）

【解】如上圖可等效為下圖 (a)、 (b)：

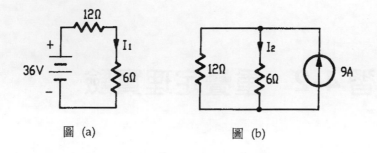

圖 (a)　　　　　圖 (b)

$$I_1 = \frac{36}{18} = 2A$$

$$I_2 = \frac{12 \times 9}{12 + 6} = 6A$$

$$\therefore \ I_6 = I_1 + I_2 = 8A$$

【例】4-2-2 如圖（4-2-2）所示，求 6Ω 之電流 I 及其功率？

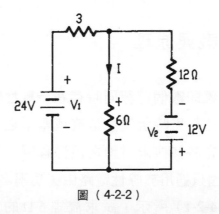

圖（4-2-2）

【解】如上圖可等效下圖 (a)、 (b)。

　　㈠ 先參考 V_1 時將 V_2 短路得 (a) 圖。

　　㈡ 再參考 V_2 時將 V_1 短路得 (b) 圖。

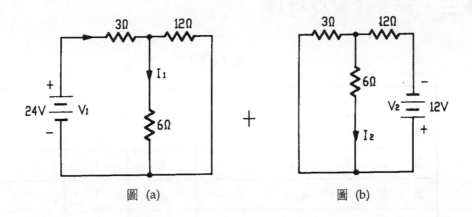

圖 (a)　　　　　　圖 (b)

由圖 (a) 得 $I = \dfrac{V_1}{R}$

$R = 3 + \dfrac{6 \times 12}{3 + 6} = 7\Omega$

$\therefore I = \dfrac{V_1}{R} = \dfrac{24}{7} \text{(A)}$

I_1 依分流定理得

$I_1 = \dfrac{12}{6 + 12} \times \dfrac{24}{7} = \dfrac{16}{7} \text{(A)}$

由圖 (b) 得 $I = \dfrac{V}{R}$

$R = 12 + \dfrac{3 \times 6}{3 + 6} = 14\Omega$

$\therefore I = \dfrac{V}{R} = \dfrac{12}{14} \quad \text{(A)}$

I_2 分流定理得 $I_2 = \dfrac{3}{3 + 6} \times \dfrac{12}{14} = \dfrac{2}{7} \quad \text{(A)}$

因此 $I_6 = I_1 - I_2 = \dfrac{16}{7} - \dfrac{2}{7} = 2 \text{(A)}$

所以 $P_6 = I_6{}^2 R = 2^2 \times 6 = 24 \text{(W)}$

◆三、實習設備與材料

表（4-2-1）

名　　　稱	規　　　格	單　位	數　　量	備　　　註
電源供應器	雙電源 30V	台	1	
電　壓　表	0～30V	台	1	
三　用　表	一般型	台	1	
開　　　關	單刀雙投	台	1	
電　流　表	0～1A	台	1	
電　阻　器	100Ω，200Ω，300Ω /0.5W	只	若干	

◆四、接線圖

如圖（4-2-3）所示接線。

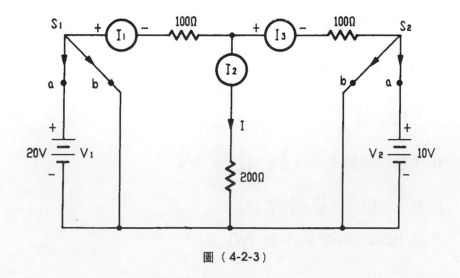

圖（4-2-3）

◆五、實習步驟

(一) 如圖（4-2-3）接線所示完成接線。

(二) 將 S_1 投入 a 點 S_2 投入 b 點；記錄 I_1'，I_2'，I_3' 之電流。

(三) 將 S_2 投入 a 點 S_1 投入 b 點；記錄 I_1''，I_2''，I_3'' 之電流。

(四) 將 S_1 投入 a 點 S_2 投入 a 點；記錄 I_1，I_2，I_3 之電流。

(五) 依重疊定理計算 $I_2 = I_1 + I_3$ 值。

(六) 依實際測量值，與重疊定理計算值相互比較 I_2 值。

◆六、注意事項

(一) 注意電流表之接法，不可有誤。

(二) 電源短時，接線要小心，不可接錯。

(三) 可改變 V_1，V_2 之電源重新做一次。

◆七、實習結果

(一) 如表 (4-2-2) 所示。

表（4-2-2）

V1 = 20伏：V2 = 10伏		
V_1 作用	$I_1' = $ ____	$I_2' = $ ____	$I_3' = $ ____
V_2 作用	$I_1'' = $ ____	$I_2'' = $ ____	$I_3'' = $ ____
V_1，V_2 同時作用	$I_1 = $ ____	$I_2 = $ ____	$I_3 = $ ____
電流代數和 I	$I_1 = I_1' + I_1'' = $ ____	$I_2 = I_2' + I_2'' = $ ____	$I_3 = I_3' + I_3'' = $ ____
理論計算值 I	$I_1 = $ ____	$I_2 = $ ____	$I_3 = $ ____

◆八、討論題綱

㈠ 試述重疊定理之定義。

㈡ 重疊定理在非線性電路中是否適用？

㈢ 如下圖（4-2-4）圖試求 100 Ω 之電流（以重疊定理方法求解）。

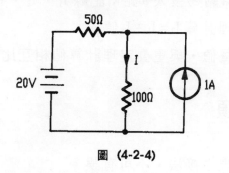

圖 (4-2-4)

實習4-3　戴維寧定理、諾頓定理實驗

◆一、目的

㈠ 利用戴維寧定理、諾頓定理，將一複雜之電路簡化爲簡單之電路。

㈡ 設計一實習電路以驗証其理論。

◆二、相關知識與原理

㈠ 在直流的網路中，因電路甚爲複雜，爲了能有效的簡化此電路，可由 "戴維寧定理"（Thevenins, Theorem），將此電路之任何兩端點，用一個電壓源及一個電阻串聯之等效電路代替之。

如下圖（4-3-1）(a) 所示爲一任意線性網路，可等效成 (b) 圖之戴維

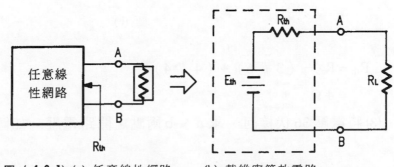

圖（4-3-1) (a) 任意線性網路　　(b) 戴維寧等效電路

寧等效電路。

戴維寧等效電路之等效電壓 E_{th} 及等效電阻 R_{th} 求解之步驟如下：

(1) 將 RL 自電路中移去，得一 a、b 兩端電路。

(2) 將電壓源短路，電流源斷路，求 a、b 兩點之等效電阻 R_{th}。

(3) 將電壓源及電流源接回電路，計算 a、b 兩端之開路電壓 E_{th}。

(4) 將 E_{th} 與 R_{th} 串聯相接，並繪出其等效電路。

(5) 將負載電阻 RL 接到戴維寧等效電路，即可算出落在 RL 上之電壓或電流。

例（4-3-1）試應用戴維寧定理如圖（4-3-2）(a) ，求 8 Ω 處之電阻上的電流？

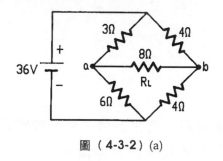

圖（**4-3-2**）(a)

解：(1) 將 a、b 間 8 Ω 之電阻移開。

　　(2) 將電壓源 36 伏短路求等效電阻 R_{th}。

　　　如下圖 (b) 所示。

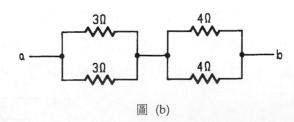

圖 (b)

$R_{th} = R_{ab} = （3 /\!/ 6）+（4 /\!/ 4）$

　　　$= 4\ \Omega$

(3) 將電壓 36 伏接回，求 a、b 兩點之開路電壓，如圖 (c) 所示。

$$V_{th} = V_{ab} = V_a - V_b$$

$$= 36 \times \frac{6}{3+6} - 36 \times \frac{4}{4+4}$$

$$= 24 - 18 = 6 \text{ 伏}$$

圖 (c)

(4) 繪戴維寧等效電路，並將 RL 8 Ω 電阻接回，如圖 (d) 所示。

$$I_8 = \frac{6}{4+8} = \frac{6}{12} = 0.5 \quad (A)$$

圖 (d)

例 (4-3-2) 利用戴維寧定理求圖（4-3-3）(a) 中 RL 電阻為 10 Ω，100 Ω 時之電流？

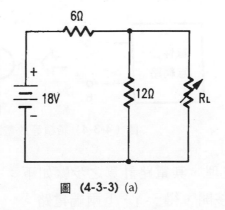

圖 **(4-3-3)** (a)

解 (1) 將 RL 之電阻移去如下圖 (b) 所示求解 V_{ab} 及 R_{ab} 之電壓及電阻，即為戴維寧等效電壓 E_{th}，等效電阻 Rt_h。

$$R_{th} = R_{ab} = (6 \parallel 12)$$
$$= 4 \ \Omega \ (18伏短路)$$

$$E_{th} = 18 \times \frac{12}{6 + 12} = 12 \ (V)$$

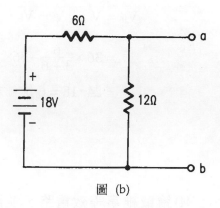

圖 (b)

(2)接入 R_L 後等效電路，如圖 (c) 所示

① $R_L = 10 \ \Omega$ 時

$$I = \frac{12}{4 + 10} = \frac{6}{7}(A)$$

② $R_L = 100 \ \Omega$ 時

$$I = \frac{12}{4 + 100} = \frac{6}{52}(A)$$

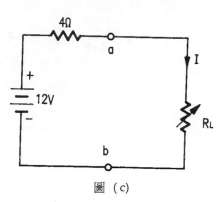

圖 (c)

(二) 諾頓定理：在一線性網路中之兩端點，可用一電流源 I_n 與一等效電阻 R_n 並聯來替代。其等電路如下圖（4-3-4）所示。

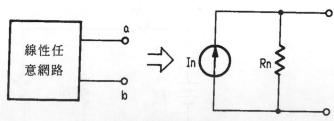

圖（4-3-4）諾頓等效電路

　　應用諾頓定理，其電路計算之步驟如下：

(1)　將負載 R_L 移開，得一a、b兩端電路。

(2)　將電壓源短路，電流源斷路，計算從a、b兩端之等效電阻 R_n。

(3)　將電源接回，計算a、b兩端之等效電流 I_n。

(4)　繪出諾頓等效電路，並將負載 R_L 接回，並計算流過 R_L 之電流或電壓。

例（4-3-3）如下圖所示求諾頓等效電路

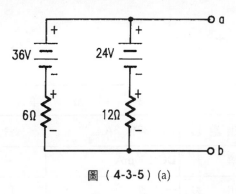

圖（**4-3-5**）(a)

解：

(1)將電壓源短路，電流源斷路，如圖 (b) 所示。

$$R_{ab} = RN = \frac{6 \times 12}{6 + 12} = \frac{8}{2} = 4 \ (\Omega)$$

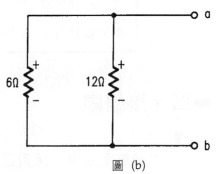

圖 (b)

(2)求 I_n 之等效電流如 (C) 所示

$$I_n = \frac{36}{6} + \frac{24}{12} = 8 \ (A)$$

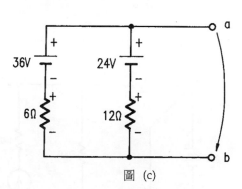

圖 (c)

◆三、實習設備與材料

如表（4-3-1）所示。

名　　稱	規　　格	單　位	數　量	備　　註
電 源 供 應 器	DC, 30V, 3A	台	1	
安　培　計	DC 250mA	只	1	
三　用　表	一般型	只	1	
電　　　阻	100 Ω ,200 Ω /0.5W	只	若干	
可　變　電　阻	0～1K Ω	只	2	
單刀雙投開關	110V，10A	只	1	

◆四、接線圖

㈠ 戴維寧定理，諾頓定理實驗接線圖如圖（4-3-6）(a)、 (b)、 (c) 所示。

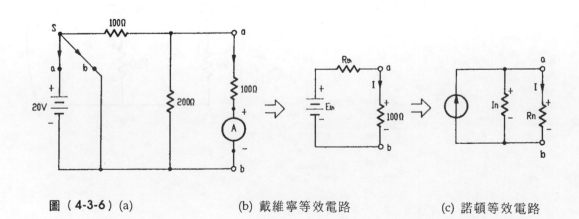

圖（4-3-6）(a)　　　　　　　(b) 戴維寧等效電路　　　　　(c) 諾頓等效電路

◆五、實習步驟

(一) 戴維寧實驗：

(1) 如圖（4-3-6）(a) 所示。

(2) 將開關 S 移到 b 點。

(3) 將 100 Ω a、b 兩點電阻移開。

(4) 以三用電表測量 a、b 兩點開路電阻。即為 R_{th}。

(5) 將 S 開關移到 a 點。

(6) 將電壓轉到 DC20 伏。

(7) 測 a、b 兩端開路電壓。即為 E_{th}。

(8) 將等效電壓，等效電阻接回，電源調到等效電壓，電阻接到等效電阻，並將 100 Ω 接回，測出負載電流 I_L。

(9) 繪出其等效電路，並計算後驗算一次。

(10) 將數據填入表（4-3-2）中。

(二) 諾頓定理實驗

(1) 如圖（4-3-6）(a) 圖接線。

(2) 重覆戴維寧步驟 (2) 至 (6)。

(3) 此開路電阻即為 R_n 諾頓電阻。

(4) 此 ab 兩端用直流電流表測量即為諾頓電流 I_n。

(5) 繪等效電路，並將電阻接回，將記錄填入表中。

◆六、注意事項

(一) 不可在有電源時測電阻。

(二) 注意電阻之電壓及電流之額定值。

(三) 做諾頓實驗時比照做戴維寧實驗完成。

(四) 電流表、電壓表，接線不可有誤。

◆七、實習結果

㈠ 表（4-3-2）所示將結果記錄表中。

㈡ 以戴維寧定理及諾頓定理，計算一次並與實驗做比較。

表（4-3-2）

R_{th} (簡化前)	E_{th} (簡化前)	I_L (簡化前)	R_n (前)	I_n (前)	I_L (前)
R_{th} (簡化後)	E_{th} (簡化後)	I_L (簡化後)	R_n (後)	I_n (後)	I_L (後)

八、討論題綱

㈠ 試比較實驗與計算之結果差異性？並檢討其原因。

㈡ 試比較戴維寧及諾頓定理之轉換。

㈢ 如下圖求 A 、 B 兩端之電流。（圖 4-3-7 所示）

　　⑴ 用戴維寧定理化簡。

　　⑵ 用諾頓定理化簡。

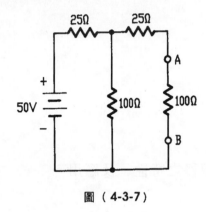

圖（4-3-7）

實習 4-4　最大功率轉移實驗

◆一、目的

瞭解最大功率轉移之特性，及應用。

◆二、相關知識與原理

在直流電壓源中，是一電壓源，串聯一電阻，此電阻稱為內阻。當負載 R_L 實際投入一直流電源時，視同與此內阻 R_{in} 串聯，為了達到最大功率轉移之目的；即負載電阻 $R_L = R_{in}$ 時，負載自電源吸收最大功率。

如下圖 4-4-1 所示

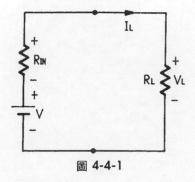

$$I_L = \frac{V}{R_{in} + R_L} \quad \cdots\cdots\cdots\cdots\cdots \quad (4\text{-}4\text{-}1)$$

圖 4-4-1

將上式（4-4-1）式代入（4-4-2）式得；

$$\boxed{P_L = I_L^2 R_L} \quad\text{…………………………………………………}（4\text{-}4\text{-}2）$$

$$\boxed{P_L = \left[\frac{V}{R_{in} + R_L}\right]^2 R_L} \quad\text{…………………………………}（4\text{-}4\text{-}3）$$

　　　R_{in}：內阻　　R_L：負載電阻

欲得最大功率轉移，則對 P_L 微分，即 $\dfrac{d\,P_L}{d\,R_L} = 0$

帶入（4-4-3）得

$$\frac{d\,P_L}{d\,R_L} = \frac{d}{d\,R_L}\left[\frac{V^2 R_L}{(R_{in} + R_L)}\right]$$

$$= V^2 \left[\frac{(R_{in} + R_L)^2 - R_L \propto 2\,(R_{in} + R_L)}{(R_{in} + R_L)^4}\right] = 0$$

因分母不得為零，令分子為零。

　　得　　$(R_{in} + R_L)^2 - R_L \times 2(R_{in} + R_L) = 0$

　　故　　$\boxed{R_L = R_{in}}$ ………………………………………………… (4-4-4)

當內阻與負載電阻相等時，功率對負載微分有極大值，此時可得最大功率轉移，稱為最大功率轉移定理。

◆三、實習設備與材料

　　㈠ 如表（4-4-1）所示

表 4-4-1

名　　　　稱	規　　　格	單　位	數　量	備　　　註
電源供應器	DC, 30V, 3A	台	1	(一)電阻耐 20W 以上
安　培　計	DC 1A	只	1	
三　用　電　表	一般型	只	1	(二)　用水泥 電阻，或繞 線可變電阻 均可
電　阻　器	10 Ω ,20 Ω	只	1	
可　變　電　阻　器	100 Ω	只	1	

◆四、接線圖

(一) 如下圖 4-4-2 接線

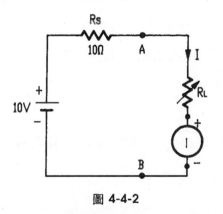

圖 4-4-2

◆五、實習步驟

(一) 如上圖 4-4-2 接線

(二) 將直流電源調整到 DC10 伏。

(三) 改變可變電阻由大到小，並記錄電流表之電流。

(四) 將電源兩端電壓加入 10V 不變，用三用電表測 A、B 兩端電壓，並記錄之。

㈤ 算出負載電阻 $R_L = \dfrac{V_{AB}}{I}$ 。

㈥ 算出 $P_L = I^2R$ 。

㈦ 繪 $P_L - I$ 曲線及 $P_L - R_L$ 曲線。

㈧ 比較 R_L 及 R_S 是否相等時輸出功率為最大值。

◆六、注意事項

㈠ 電阻之耐壓電流，要足夠。

㈡ 改變電阻要由大而小。

㈢ 電壓不可太大，以免損壞電阻。

◆七、實習結果

㈠ 如表 4-4-2 所示。

㈡ 繪 $P_L - I$ ， $P_L - R_L$ 曲線。

表 4-4-2

V						
V_{AB}						
I						
R_L						
$P_L = I^2R_L$						
備　　註	$R_S = 10\ \Omega$ ， $20\ \Omega$					

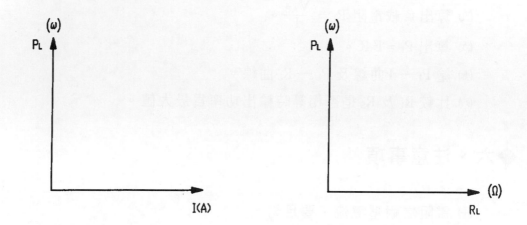

◆八、討論題綱

(一) 試述最大功率轉移之定理。

(二) 如下圖（4-4-3）當最大功率輸出時 Z_L 為多少？

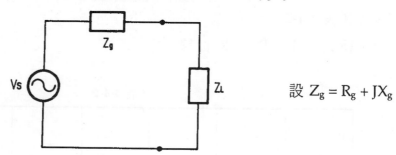

設 $Z_g = R_g + JX_g$

(三) 有一電池之內阻為 $0.05\ \Omega$，電勢為9伏，求電池可能輸出之最大功率 P_{max}？

(四) 若一電源供應器輸入功率為 500W，求此電源供應器輸出之最大功率 P_{max}？

單元五　電磁學實驗

實習 5-1 電磁效應實驗

實習 5-2 電磁感應實驗

實習 5-3 電磁繼電器應用實驗

實習 5-4 變壓器特性實驗

實習 5-1　電磁效應實驗

◆一、目的

㈠ 瞭解電流流動產生磁效應之情形。

㈡ 瞭解磁力線對電流方向之關係，以電鈴實驗，探討其特性。

◆二、相關知識與原理

㈠ 當有一載有電流之導体，其周圍必產生磁場，此磁場與磁力線之方向有密切關係。如圖（5-1-1）所示；為一根載電流之導體，其磁力線方向，依安培右手定則（Amppr's right-hand rule）決定。如圖（5-1-2）所示其姆指方向為電流方向，而其他四指方向，握住導體，則為磁力線旋轉之方向。反之姆指為磁場 N 極方向，則其他四指為電流方向。

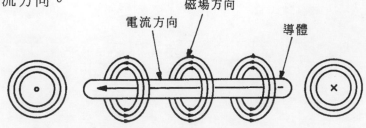

圖（5-1-1）電流與磁力線方向

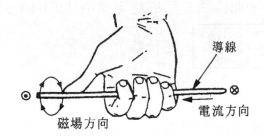

圖（5-1-2）(a) 安培右手定則（直導線）

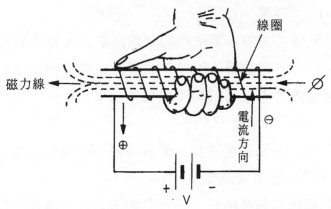

圖（5-1-2）(b) 安培右手定則（直導線）

(二) 在一個電路線圈中，其磁場之磁通量產生變化，則電路，因感應之關係，而產生一感應電勢，此電路中之感應現象稱為電磁感應。如圖（5-1-3），當一永久磁鐵瞬間插入多匝線圈時，則會感應一電壓，而使外接之負載感應一電流。當運動越快，則感應電壓越高，而電流越大。若靜止則不感應電壓。因此實驗得知一結果，磁場與線圈，產生相對運動速度，則線圈也必感應一磁場，由磁場之變化而感應

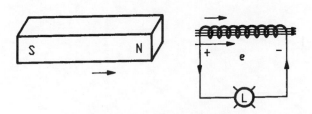

圖（5-1-3）電磁感應現象

一電壓，此爲法拉第感應定律由（5-1-1）式表示。

$$e = N \frac{d\phi}{dt} \quad （伏特）\tag{5-1-1}$$

式中 e ：感應電勢

N ：線圈匝數

ϕ ：磁通量

t ：時間

其感應電勢之方向，可依冷次定律決定，即感應電勢之方向與原來方向相反。同理當圖（5-1-3）中磁場運動方向與感應電勢必相反。故感應電勢之方法可歸納下幾種方式；

⑴導線固定，而磁場運動，使導線割切磁場磁力線，而產生電磁感應作用於直流發電機。

⑵移動線圈而磁極固定，亦可割切磁力線，而產生感應電勢，此常用於發電機中。

⑶導線運動交變磁場中，而感應電勢，此法常用於交流電動機中。

因此在螺線管中一根軟鐵，通入直流電源，既可將軟鐵，通入直流電源，即可將軟鐵棒化爲永久磁鐵，故電磁轉換之原理，應用範圍很廣如電鈴、電磁開關，發電機，電動機等，均爲電磁感應實例。

◆三、實習設備與材料

如表 5-1-1。

表 **(5-1-1)**

名　　　稱	數　量	規　　　格	備　　　註
直　流　電　源	1 部	DC 30V　(3A)	
電　　　　　鈴	1 部	AC110V 或 DC24V	
軟　電　棒	1 支	10cm	
漆　包　線	若干	1.6mm	
指　南　針	1 個	一般型	
伏　特　計	1 只	交流，直流	
檢　流　計	1 只	一般型	

◆四、接線圖

(一) 如圖（5-1-4）接線所示為電流磁效應實驗

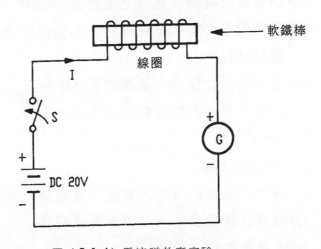

圖（**5-1-4**）電流磁效應實驗

(二) 如圖（5-1-5）接線所示為電鈴實驗

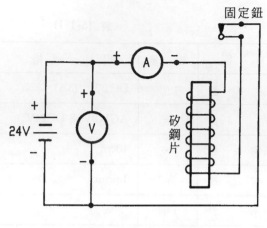

圖（5-1-5）電鈴實驗

◆五、實驗步驟

(一) 電流磁效應實驗；
(1) 如圖（5-1-4）所示完成接線。
(2) 調整直流電源供應器之電壓到 DC20V。
(3) 將開關 S ON，觀察檢流計之偏向，並將指南針放於線圈四周觀察其偏向。
(4) 改變電源之極性，重覆步驟 (3)。
(5) 接線圈之漆包線改變線徑大小重做一次。

(二) 電鈴實驗。
(1) 如圖 5-1-5 接線。
(2) 調整直流電源供應之電壓，並紀錄電壓對電流之大小。
(3) 觀察其敲擊聲音大小與電流之關係。
(4) 以交流電鈴，重做一次。

◆六、注意事項

㈠ 自繞之線圈匝數要合電壓大小。

㈡ 做電磁實驗電壓不可太大，以檢流計能偏向，指南針移動方向，能清楚為原則。

㈢ 做電鈴實驗，不可按電鈴太久，以免燒毀電鈴。

◆七、實驗結果

㈠ 改變電源電壓時，請寫出電壓大小及指南針動作情況。

㈡ 改變電壓大小觀察其軟鐵棒吸力狀況及檢流表偏向指南針偏情況。

㈢ 記錄並觀察電鈴聲音對電壓大小之狀況。

◆八、討論題綱

㈠ 改電流之方向，對磁力線方向有何關係。

㈡ 何謂安培右手定則及右螺旋定則？

㈢ 何謂永久磁鐵及電磁鐵？

㈣ 請用漆包線等材料製作一電鈴及電磁鐵？

㈤ 電磁鐵之線圈對磁力線有何影響？

實習 5-2　電磁感應實驗

◆一、目的

㈠ 使學生瞭解電磁感應之原理。

㈡ 實際製作電磁感應線圈。

◆二、相關知識與原理

依據法第感應定律知：當一交鏈磁通，產生變化時，則電路中必感應一電勢，此電勢之大小與線圈匝數成正比與磁通量之變化率成正比，此種現象稱為電磁感應。

如圖（5-2-1）所示，當開關為 ON 時則因 E 瞬間增加，故磁通量漸增，

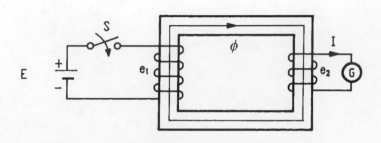

圖（5-2-1）法拉第感應

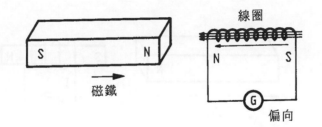

圖（5-2-2）法拉第感應

因此檢流計受到電磁之感應，即產生 e_2 電勢而使檢流計偏向。反之若開關 OFF 則檢流計也產生相反偏向。

　　如圖（5-2-2）所示當磁鐵靠近線圈時，或瞬間遠離線圈時則檢流計，亦產生偏轉現象，此乃因磁場產生變化，而感應電勢。此感應電勢之電流大小與時間之變化率成正比。

　　即

$$e = -L \frac{\Delta i}{\Delta t}$$ ………………………………………（5-2-1）式

或

$$e = -N \frac{\Delta \phi}{\Delta t}$$ …………………………………………（5-2-2）式

L＝自感（mH）

由楞次定律，如圖（5-2-3）(a) 及 (b) 所示：當磁鐵 N 極接

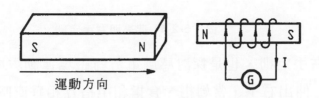

圖（5-2-3）(a) 磁鐵移近線圈時感應電流方向

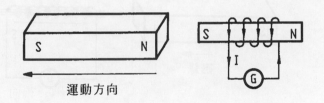

運動方向

圖（5-2-3）(b) 磁鐵遠離線圈之感應電流方向

近線圈時，依據楞次定律，則靠近磁鐵之一方會產生 N 極方向，其目的在反對外加磁場的增加，同極相斥。當磁鐵 N 極要遠離線圈時，則如同磁場減少，依楞次定律，其目的為了反對外加磁場減少，故產生 N 極，以異極相吸之原理。因此磁鐵方向之改變，或磁極之改變，對線圈之感應磁場極性也隨之改變，且感應電勢方向也受到影響而改變。故楞次定律主要乃反對外加磁場之變化或反對外加電源之變化而感應相對極性之磁場。

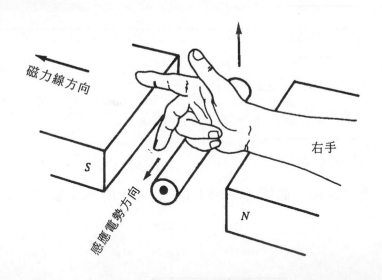

磁力線方向

右手

感應電勢方向

圖（5-2-4）弗來明右手定則

弗來明右手定則，也是探討感應電勢對磁場運動方向之關係，如圖（5-2-4）所示，伸出右手，當姆指、食指和中指互相垂直時，則姆指代表導體運動方向，食指代表磁場 N 到 S 極之方向，中指代表感應電勢方向，或電流方向。

◆三、實習設備與材料

表（5-2-1）

名　　　　稱	規　　　　格	數　量	備　　　註
線　　　　圈	（500匝，1000匝）	各一個	
永　久　磁　鐵	強力型	一　支	
檢　流　計	一般型	一　只	
導　　　　線	0.6mm	若　干	
電　工　鉗	電工用	一　支	
尖　嘴　鉗	電工用	一　支	
電　　　　表	三用表	一　只	

◆四、接線圖

如圖（5-2-5）接線

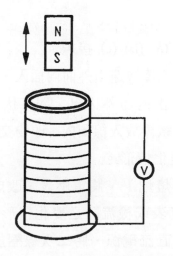

圖（5-2-5）(a) 伏特計測量法

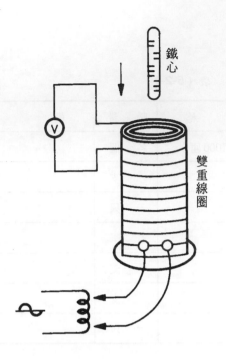 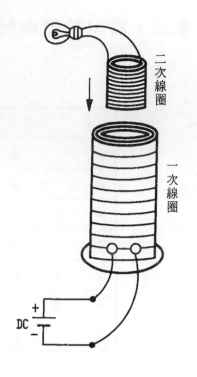

(b) 交流電源電壓測量法　　　　　　　(c) 直流電源電燈測量法

◆五、實驗步驟

㈠ 如圖（5-2-5）(a) (b) (c) 接線。

㈡ 如圖 (a) 將磁鐵棒快速由外而內插入，觀察伏特計之電壓變化情形。

㈢ 將磁鐵棒快速由內而外拔出，觀察伏特計之電壓變化情形。

㈣ 如圖 (b) 將磁鐵棒放入線圈內，改變交流電之大小，由二次側線圈，
觀察電壓之變化情形。

㈤ 接一負載（如燈炮），將電壓表，改成電流表或檢流計，重覆步驟
㈣，觀察電流表或檢流計之變化情形。

㈥ 如圖 (c) 接一直流電源，將二次線圈放入一次線圈內，改變直流電
源之大小，觀察燈泡是否發亮，且亮度是否隨電壓增加而增加。

㈦ 改燈泡為電流表或檢流計重做一次。

◆六、注意事項

㈠ 增加電源時由零開始且注意額定電壓之大小。

㈡ 線圈或鐵心插入或拔出，速度要均勻。

㈢ 改變電壓時，依序增右如 5V，10V，15V，20V 等。

◆七、實驗結果

㈠ 請將磁鐵插入線圈或拔出之電壓值，記錄之，並觀察其電壓變化或極性變化情形。

㈡ 圖 (b) 實驗時，請記錄二次線圈之電壓變化情形。

㈢ 一次側，二次側均接一電壓表，觀察其電壓之比例為多少。

㈣ 圖 (c) 實驗時，改變輸入直流電源，電壓不可太大，並觀察燈泡之亮度變化。

◆八、討論題綱

㈠ 如何決定感應電勢之大小及極性？

㈡ 何謂弗來明右手定則及左手定則？分別應用於何處？

㈢ 何謂法拉第感應定律？

㈣ 感應電勢與一二次線圈匝數，有何關係？

㈤ 請舉出一感應電勢的例子。

實習 5-3　電磁繼電器應用實驗

◆一、目的

㈠ 認識電磁繼電器之動作原理。

㈡ 瞭解電磁繼電器之基本應用及工作原理。

◆二、相關知識與原理

　　電磁繼電器，又稱為電磁開關簡稱為 MC（magnetic contactor），其主要原理是利用電流之磁效應原理，當線圈加入電源則線圈依安培右手定則或法拉第感應定律，而產生磁場，此磁場之磁力吸引上面可動接點，而造成接通（ON）或斷開（OFF）狀態。其外觀如圖（5-3-1）所示。其符號如表（5-3-1）所示。

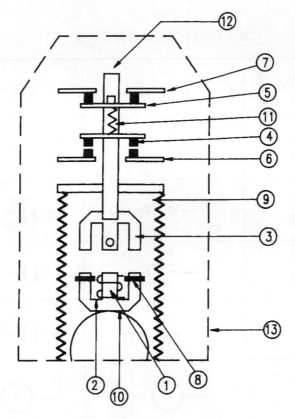

①電磁線圈
②固定鐵心
③可動鐵心
④可動 a 接點
⑤可動 b 接點
⑥固定 a 接點（固定端子）
⑦固定 b 接點（固定端子）
⑧蔽極線圈
⑨復置彈簧
⑩緩衝彈簧片
⑪接點整合彈簧
⑫可動連槓
⑬外框

圖（5-3-1）(a) 電磁接觸器

表（5-3-1）電磁接觸器符號表

接點＼符號＼國家		JIS（日本）	ASA（美式）
主接點	NO a接點		
	NC b接點		
輔助接點	NO a接點		
	NC b接點		
電線磁圈			

◆三、實習設備與器材

名　　稱	規　　格	單　位	數　量	備　註
電　磁　開　關	220V, 2a, 2b	個	1	
閘　刀　開　關	2P/250V, 10A	個	1	
燈　　　　泡	24V, 12V	個	1	
馬　　　　達	$\frac{1}{4}$HP 單相 220V/110V	個	1	
電　　　　線	1.25 mm²，黃	卷	1	
三　用　表	一般型	個	1	

◆四、接線圖

如圖（5-3-2）所示：

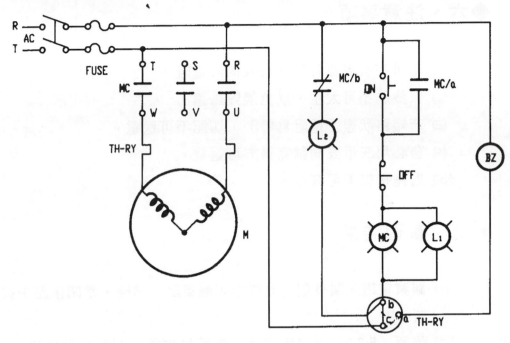

圖 (5-3-2) 接線圖

◆五、實習步驟

㈠ 如圖（5-3-2）所示接線。

㈡ 利用三用表打到 R×10 的檔，閘刀開關在 OFF 狀態，測量 R、T 兩相電源電阻，此時等於 L_2 燈泡電阻（約 1KΩ）。

㈢ 將按扭開關 ON 按下，此時電阻為 L_2 與開關線圈並聯電阻（約 300Ω）。

㈣ 將積熱電 （TH—RY），拉起跳到 C—a 按點，則 BZ 蜂鳴器電阻約為 1KΩ。

㈤ 測試無誤則可以送電，按下按扭開關為 ON。

㈥ 觀察馬達及燈泡 L₁ 是否在運轉狀態，L₂ 是否熄滅。

㈦ 將 TH — RY 拉起，蜂鳴器是否動作，馬達及 L₁ 是否停止。

◆六、注意事項

㈠ 不可在有電源時用三用表測試電阻。

㈡ 保險絲不可太粗，以免燒毀馬達。

㈢ 若短路狀態（電阻為零），切記不可送電。

㈣ 務必用三用表測試完畢方可送電。

㈤ 馬達接線不可有錯。

◆七、實習結果

㈠ 觀察電磁開關外觀，並測出線圈電阻，常開，常閉接點主接點之位置。

㈡ 依圖（5-3-2）接線完成後，實際操作電磁開關起動馬達。

㈢ 寫出馬達起動之動作分析圖。

㈣ 繪出動作時序圖。

◆八、討論題綱

㈠ 依實際（5-3-2）接線圖，操作探討其動作原理。

㈡ 電磁線圈接交流電時，則主電路是否可通直流電？

㈢ 試說明（5-3-2）圖中 MC／a 接點之功能。

㈣ 是否可以設計兩個電磁開關控制一三相馬達正反轉電路？

實習5-4　變壓器特性實驗

◆一、目的

(一) 瞭解變壓器，電磁轉換的原理。

(二) 實際測量變壓器一次側，二次側之電壓，電流、功率之關係並測出變壓器之滿載效率。

◆二、相關知識與原理

(一) 家中所使用之交流電，是電力公司由發電機發電後，經過變壓器將其轉換成高壓輸電，再到二次變電站降壓後，送到各家庭或工廠，故變壓器是將高壓變成低壓，或低壓變成高壓的電器，再轉換時功率消耗愈小愈好。

(二) 依據法拉第感應定律知，感應電勢 $e = -N\dfrac{d\phi}{dt}$ 即電壓之高低當電源頻率固定時，與線圈匝數成正比，因此理想變壓器，假設沒有損失狀況下，則變壓器二次側與一次側感應電勢之關係與匝數有關，如（5-4-1）式所示：

$$e_1 = -N_1 \frac{d\phi}{dt}$$

$$e_2 = -N_2 \frac{d\phi}{dt} \qquad \cdots\cdots\cdots\cdots\cdots\cdots\cdots\cdots\cdots\cdots（5\text{-}4\text{-}1）式$$

所以 $\quad \dfrac{e_1}{e_2} = \dfrac{N_1}{N_2} = a \qquad \cdots\cdots\cdots\cdots\cdots\cdots\cdots\cdots\cdots\cdots（5\text{-}4\text{-}2）式$

a = 匝數比

㈢ 設變壓器在理想沒損失狀態，則輸入變壓器之功率，等於輸出之功率，即 $e_1 I_1 = e_2 I_2$，所以電流比與變壓器匝數成反比。

故 $\quad \dfrac{e_1}{e_2} = \dfrac{I_2}{I_1} = a \qquad \cdots\cdots\cdots\cdots\cdots\cdots\cdots\cdots\cdots\cdots（5\text{-}4\text{-}3）式$

㈣ 然而實際之變壓器，包含兩大損失，即鐵損及銅損，故輸入功率，並不等於輸出功率，在額定電壓時可算出變壓器輸入功率與輸出功率之比，我們稱為效率，以 η 表示。

如式 5-4-4 所示。

$$\eta = \frac{P_{out}}{P_{in}} = \frac{V_2 I_2}{V_1 I_1} \qquad \cdots\cdots\cdots\cdots\cdots（5\text{-}4\text{-}4）（當負載為純電阻時）$$

其中 η　：效率

P_{in} ：輸入功率

P_{out} ：輸出功率

因此一個變壓器，在出廠時，必須先瞭解此變壓器之特性，如匝數 a 有多少，額定電壓 V_1，V_2，損失（銅損、鐵損）有多少等，極性接法如何，都非常重要，通常須做基本測試如電阻測量，絕緣測試，開路、短路試驗、負載試驗，極性測試等，在此僅做變壓比及負載電壓、電流，效率之關係實驗，其餘請參考相關之電機機械書籍。

◆三、實習設備與材料

如表（5-4-1）所示

表 (5-4-1)

名　　　稱	規　　　格	單　位	數　量	備　　　註
變　壓　器　圈	110V/12V, 24V	個	1	
自　耦　變　壓　器	0～120V	個	1	
交　流　電　流　表	1A, 0.5A	個	1	
三　　用　　表	一般型	個	1	
燈　　　　　泡	110V, 100W, 60W	個	3	

◆四、接線圖

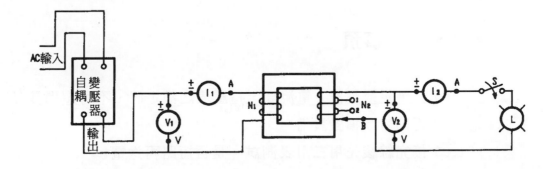

圖（5-4-1)

◆五、實習步驟

(一) 變壓比實驗

(1) 如圖（5-4-1）所示接線。

(2) 將開關 S 置於 ON 狀態。

(3) 調整自耦變壓器由零漸增到 110 伏。

(4) 記錄 V_1，I_1，V_2，I_2 於表（5-4-2）中。

(5) 改變二次側接頭，重做 (1) ～ (3) 步驟。

(二) 負載效率實驗

(1) 如圖（5-4-1）所示接線。

(2) 先接一燈泡後，逐漸增加輸入電壓到額定值 110 伏。

(3) 記錄 V_1，I_1，V_2，I_2 之值。

(4) 逐漸並聯燈泡負載，到滿載為止。（以變壓器標示之容量為準）。

(5) 重覆步驟 (3) 記錄於表（5-4-3）中。

◆六、注意事預

(一) 先確定變壓器，電流表、電壓表之額定值，不可超過其額定值，否則容易損毀設備。

(二) 接完線後先用三用表測試，是否短路再送電。

(三) 電壓必須由小而大漸增，以免誤接而燒毀電表。

(四) 電壓表及電流表之接法不可接錯。

◆七、實習結果

㈠ 變壓比實驗

表（5-4-2）

	測　　量　　值				計　　算　　值		
次數	V_1	V_2	I_1	I_2	$a_1 = \dfrac{V_1}{V_2}$	$a_2 = \dfrac{I_2}{I_1}$	備　註
1	50						
2	60						
3	70						
4	80						
5	90						
6	100						
7	110						

㈡ 負載效率實驗

表（5-4-3）

	測　　量　　值				計　算　值
次數	V_1	V_2	I_1	I_2	$\eta = \dfrac{V_2 I_2}{V_1 I_1}$
1					
2					
3					
4					
5					

◆八、討論題綱

㈠ 試比較用電壓比與電流比所得之比值有何異同？

㈡ 今有一台 1KVA 之變壓器輸入電壓為 110 伏 8 安培功率因數為 0.8，輸出功率為 500 瓦，求此變壓器之效率？

㈢ 當變壓器不小心送入大的直流電時，有何狀況發生？

㈣ 依實驗探討此變壓器效率及變壓器的好壞。

單元六　交流電壓及電流

實習6-1　交流電壓及電流測量實驗

實習6-1 交流電壓及電流測量實驗

◆一、目的

使學生們了解單相交流電壓及電流之波形與有效值，最大值之關係。

◆二、相關知識與原理

㈠ 到目前爲止，前面實驗所討論的電源都是直流電壓（DC），它無法滿足目前一般家庭或工業上所需能量的需求。所以目前一般工廠之動力或家庭之電源均採用交流電，而發電場所供應之電力，皆是交流電之形式，交流電又比直流電有較多的優點，最主要的是依實際之所需可利用變壓器得到所需之交流電壓。

由於電力公司所發出之電爲交流電，其電壓波形和電流波形，可由下列數學公式表示爲：

$$V = V_m \sin \omega t \text{ 或 } V = V_m \cos \omega t \qquad \text{………………………（6-1-1）式}$$

$$i = I_m \sin \omega t \text{ 或 } i = I_m \cos \omega t \qquad \text{………………………（6-1-2）式}$$

在單相交流電路中，爲何要用正弦波或餘弦波？主要在於如下：

⑴正弦波產生容易，使用較方便。

⑵正弦波在數學處理較容易。

⑶正弦波可利用傳立葉定理（Fourier's theorem）分析成波幅大小不同，頻率不同之正弦波合成級數。

　　交流正弦波電壓之產生如圖（6-1-1）所示。此圖為一簡單交流發電機（AGE），其中磁場 N、S唯一永久磁鐵，產生之均勻水平磁通密度 B。依弗來明右手定則，導體在磁場中切割磁力線，會產生一電動勢。在磁場中置一線圈，以ω角速度旋轉，則線圈內所感應產生之電壓即為一正弦波電壓，如圖（6-1-2）所示此磁場中的線

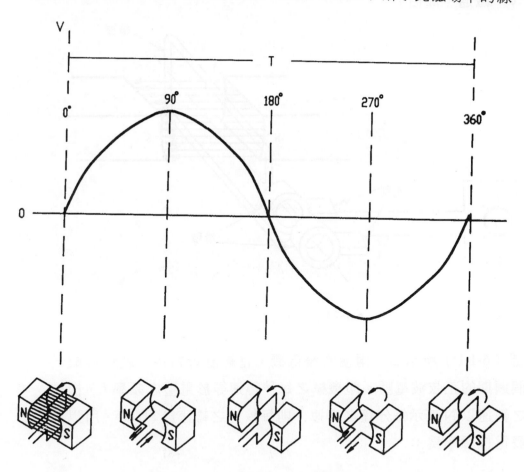

圖（6-1-1）正弦波電壓之產生波形

圈旋轉一圈將感應一正弦波電勢 e。

$$
\begin{aligned}
e &= -N \frac{d\phi}{dt} \\
&= -N \frac{d}{dt}(B \, A \cos \omega t) \quad (\text{設 } N = 1) \\
&= E_m \sin \omega t
\end{aligned}
$$
………………（6-1-3）式

e：線圈內感應電勢 (V)

N：線圈匝數

ϕ：磁通（偉伯）

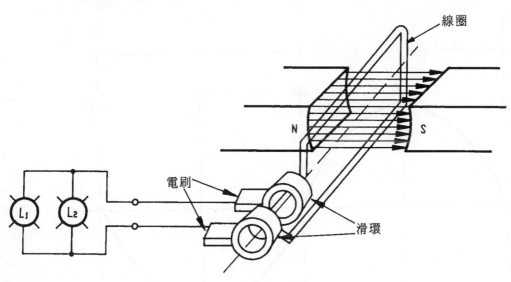

圖（6-1-2）交流發電機

圖（6-1-1）所示為一兩極的發電機，當線圈轉動時，就會形成一個週期的正弦波電壓。即機械之每秒轉速等於電壓之頻率 f，機械之轉速以 N 表示每分鐘之轉速，則每秒鐘之轉速為 N/60，所以此發電機頻率為：

$$
f = \frac{N}{60}
$$

假設極數為 P 之交流發電機，其每分鐘轉速與頻率之關係如下公式：

$$f = \frac{P}{2} \times \frac{N}{60} = \frac{PN}{120}$$ ……………………………………（6-1-4）式

㈡ 正弦波完成一週所需的時間，稱為週期 (T)，則週期 T = 1/f，單位為秒。

例（6-1-1）如圖（6-1-3），求其頻率為多少？

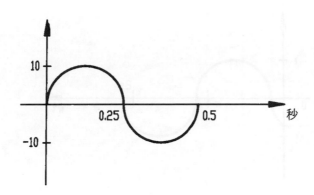

圖 **(6-1-3)** 正弦波之波形

解：

f = 1/T = 1/0.5 = 2（次 /Sec）= 5 (HZ)

例（6-1-2）一四極發電機，其轉速為 1800rpm（每分轉速），求正弦波電壓之頻率？

解：

$$N = \frac{120f}{P}$$

$$f = \frac{NP}{120} = \frac{1800 \times 4}{120} = 60 （次 /Sec）= 60 (HZ)$$

㈢ 相角

決定一正弦波有三個基本因素，即波幅、頻率及相角。我們習慣上都以零度為測量角度之基準，如圖（6-1-4）其相角為 60 度。

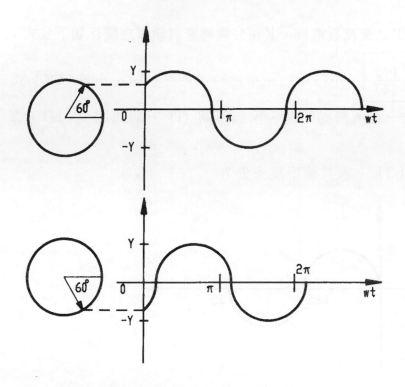

圖（**6-1-4**）正弦波之波形

故由圖（6-1-4 (a)）中得知其相位角為超前 60 度（Leading 60°），而
圖（6-1-4 (b)）中為落後 60 度（Lagging 60°）。其正弦波電壓或電
流領先或落後，一般以逆時針方向旋轉為正（Leading），以順時針
方向為負（Lagging），故圖（6-1-4 (a) (b)）可由數學式表示：

$$V = V_m \sin\left(\omega t + \frac{\pi}{3}\right) = V_m \sin\ (\omega t + 60°) \quad \cdots\cdots\cdots\cdots\cdots\cdots \text{(6-1-4 (a))}$$

$$V = V_m \sin\left(\omega t - \frac{\pi}{3}\right) = V_m \sin\ (\omega t - 60°) \quad \cdots\cdots\cdots\cdots\cdots\cdots \text{(6-1-4 (b))}$$

所以可寫通式

$$\boxed{V = V_m \sin\ (\omega t \pm \theta)} \quad \cdots\cdots\cdots\cdots\cdots\cdots\cdots\cdots\cdots\cdots \text{（6-1-5）式}$$

式中

　V_m＝最大波幅電壓（峰值電壓）

　$\omega = 2\pi f$

ω＝角速度（單位：rad/sec，徑／秒）

θ＝角位移或角位差

㈣ 平均值

平均值＝一週期函數 $\upsilon(t)$ ，在一週期內之平均值其定義爲

$$\boxed{\upsilon_{av} = \frac{1}{T}\int_{0}^{t} \upsilon(t)\ dt}$$ …………………………………（6-1-6）式

因此一週期平均電壓爲

$$\upsilon_{av} = \frac{1}{T}\int_{0}^{t} \upsilon(t)\ dt$$

由上式中積分表示求波形之面積，故平均乃面積除以週期 T 即爲平均值。

例：（6-1-3）　求下圖（6-1-5）υ_{av} 之平均值？

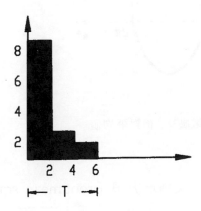

圖（6-1-5）電壓 υ 之不均值

$$\upsilon_{av} = \frac{8\times2 + 4\times2 + 2\times2}{6} = 4.677（伏）$$

由於週期波形具有對稱性，所以正負半週面積相等，如正弦波則其平均值必等於零。故需用絕對平均值來表示其面積。其計算式如下：

$$\left| v_{av} \right| = \frac{1}{T} \int_0^t \left| v_t \right| \ dt$$

$$\left| v_{av} \right| = \frac{2}{T} \int_0^{T/2} v_m \sin \omega t \ dt$$

$$= \frac{2 \, V_m}{T \, \omega} \int_0^{T/2} v_m \sin \omega t \ dt$$

$$= \frac{2}{\pi} \, V_m$$

$$= 0.636 \, V_m \quad \cdots\cdots\cdots\cdots \qquad\qquad \cdots\cdots\cdots\cdots\cdots\cdots\cdots\cdots\cdots\cdots \quad (6\text{-}1\text{-}7)$$

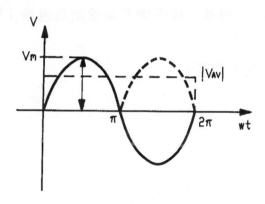

圖（6-1-6）電壓 v 之絕對平均值

㈤ 有效值

有效值（effective value），又稱均方根（root mean square-rms）。所謂交流電壓及電流之有效值，乃指在電阻器中之功率損耗，是一連續變動之值。對純電阻性電路，在電壓與電流之間是無相位偏移。即一直流電流 I 通過一電阻 R，則電阻所消耗之功能為 $P_{DC} = I^2 R$，此功能將變成電阻消耗之熱能。若將一交流電流 i 通過一電阻 R，在一週期內電阻上之熱功率為 P，則定義此電流 i 之有效值為 I 安培。則

$$P = R \, i^2 \quad \cdots\cdots\cdots\cdots\cdots\cdots\cdots\cdots\cdots\cdots\cdots\cdots \quad （6\text{-}1\text{-}8）式$$

$$P_{av} = \frac{1}{T} \int_0^t P \, dt$$

$$= \frac{1}{T} \int_0^t R \, i^2 \, dt$$

$$= \frac{R}{T} \int_0^t i^2 \, dt \quad \text{…………………………………（6-1-9）式}$$

式中：R　＝電阻

　　　　T　＝週期

　　　　P　＝瞬間功率

　　　　P_{av}＝一週期內之平均功率

故依定義知其實功率等於平均功率即：

$$P_{av} = P_{DC} = I^2 R \quad \text{………………………………………（6-1-10）式}$$

$$\therefore \quad I^2 R = \frac{R}{T} \int_0^T i^2 \, dt \quad \text{…………………………………（6-1-11）式}$$

$$I = \sqrt{\frac{1}{T} \int_0^T i^2 \, dt} \quad \text{………………………………（6-1-12）式}$$

　　式中：I＝有效值電流

　　　　　i＝瞬間值電流

依（6-1-12) 式中，有效值電流等於瞬間值電流之平方，再求其平均值，然後在開平方根，故稱為均方根值。

設一弦波電流

$$i = I_m \sin \omega t$$

則

$$i^2 = (I_m \sin \omega t)^2 \quad \cdots\cdots\cdots\cdots\cdots\cdots\cdots\cdots\cdots\cdots （6\text{-}1\text{-}13）式$$

所以

$$\boxed{I^2 = \frac{1}{T}\int_0^T i^2\, dt = \frac{\omega}{2\pi}\int_0^{2\pi/\omega} i^2\, dt} \quad \cdots\cdots\cdots\cdots\cdots\cdots\cdots （6\text{-}1\text{-}14）式$$

$$= \frac{\omega\, I_m{}^2}{4\pi}\int_0^{2\pi/\omega}(1-\cos 2\omega t)\ dt$$

$$= \frac{\omega\, I_m{}^2}{4\pi}\left[t - \frac{\sin 2\omega t}{2\omega}\right]_0^{2\pi/\omega}$$

$$= \frac{\omega}{4\pi}\, I_m{}^2\, \frac{2\pi}{\omega}$$

$$= \frac{I_m{}^2}{2}$$

$$= \frac{I_m}{\sqrt{2}}$$

式中：I_m = 電流最大值

即有效電流值為

$$\boxed{I = \frac{I_m}{\sqrt{2}} = 0.707\, I_m} \quad \cdots\cdots\cdots\cdots\cdots\cdots\cdots\cdots\cdots\cdots （6\text{-}1\text{-}15）式$$

$$\boxed{I_m = \sqrt{2}\, I} \quad \cdots\cdots\cdots\cdots\cdots\cdots\cdots\cdots\cdots\cdots\cdots （6\text{-}1\text{-}16）式$$

定義：

$$波峰因素 \cong \frac{最大值}{有效值}$$

所以：

$$\boxed{\frac{I_m}{I} = \sqrt{2}} \qquad\qquad\qquad\qquad\qquad （6\text{-}1\text{-}17）式$$

故同理有效值電壓 $v = 0.707\, v_m$ 最大值電壓。由（6-1-7）式最大值與平均值之比較得

$$v_{av} = \frac{2}{\pi} v_m = 0.636\, v_m$$

定義：

$$\boxed{\frac{v}{v_{av}} = \frac{0.707\, v_m}{0.636\, v_m} = 1.11} \quad \cdots\cdots\cdots\cdots\cdots\cdots\cdots\cdots（6\text{-}1\text{-}18）式$$

若非正弦波電壓或電流時則最大值與有效值或平均值之關係，就不再適用上式。

◆三、實習設備與材料

所需之實習設備與儀器，材料如表（6-1）所示。

表（6-1）實習設備與材料

名　　　稱	規　　格	單位	數量	備　　註
示　波　器	一般示波器	台	1	
信 號 產 生 器	1Hz～1MHz	台	1	
交 流 伏 特 表	AC 0～30 V	台	1	
交 流 伏 特 表	AC 0～150 V	台	1	
交 流 安 陪 表	AC 0～10 A	台	1	
自 耦 變 壓 器	0～150 V	部	1	
燈　　　泡	AC 110 V	只	1	

◆四、接線圖

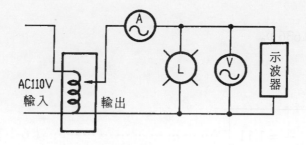

圖（6-1-7）波幅可變電壓測量之接線圖（頻率固定）

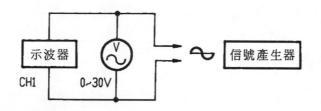

圖（6-1-8）頻率可變電壓測量之接線圖（波幅固定）

◆五、實習步驟

　　㈠ 波幅可變之電壓、電流測量。

　　　　⑴如圖（6-1-7）接線。

　　　　⑵調整自耦變壓器之電壓由小到大。

　　　　⑶示波器選擇在 AC 檔由 CH1 輸入電壓信號。

　　　　⑷測試由衰減棒 10 比 1 測試電壓。

　　　　⑸記錄電壓表、電流表即示波器指示之電壓。

　　　　依公式算出電壓並與電壓表之值做比較。

　　㈡ 頻率可變之電壓測量。

　　　　⑴如圖（6-1-8）接線。

　　　　⑵將信號產生器選擇在正弦波檔。

⑶ 示波器選擇在 AC 檔由 CH1 輸入電壓信號。

⑷ 調整示波器於適當之 T/DIV 檔。

⑸ 固定信號產生之電壓，改變其頻率（V =5（V），f = 60～1KHz），
並記錄電壓表、示波器測量之波幅及頻率等大小。

⑹ 提高電壓為 10、 15、 20、 25，重覆步驟 5。
算出其有效值與電壓表之值做比較。

◆六、注意事項

㈠ 做好示波器及信號產生器、自耦變壓器、電壓表及電流表之使用前
預備工作。

㈡ 示波器之測試棒用 1/10 衰減棒以免信號過大。

㈢ 絕對不可隨意用示波器測量插座電壓，以免損壞示波器。

◆七、實驗結果

㈠ 波幅可變電壓之測量

表（6-2）

AC 60Hz					
自耦變壓器 輸出電壓 (V)	電壓表電壓 (V)	電流表電流 (A)	示　波　器 電　壓　V_{P-P} （峰對峰）	$v_m = \dfrac{V_{P-P}}{2}$	$v_{rms} = \dfrac{v_m}{\sqrt{2}}$
10					
20					
30					
40					
50					
60					
70					
80					
90					
100					
110					

（二）頻率可變之電壓測量

表（6-3）

頻　　　率 (Hz)	信號產生器 輸出電壓 (V)	電壓表電壓 (V)	示　波　器 電　壓 V_{P-P} （峰對峰）	$v_m = \dfrac{V_{P-P}}{2}$	$v_{rms} = \dfrac{v_m}{\sqrt{2}}$
60	5				
60	10				
100	5				
100	10				
500	5				
500	10				
1k	5				
1k	10				

◆八、討論題綱

（一）交流正弦波電壓如何產生？

（二）正弦波之波形因數、波峰因數與三角波之因數大小有何不同？爲什麼？

（三）依實驗結果，測得的電壓表有效值與用示波器所量之有效值大小有何不同？影響其因數有那些？

（四）試導出方波之波峰因數及波形因數之值？

（五）試依公式算出表（6-3）電壓之平均值（全波）？

MEMO

單元七　交流 RL、RC、RLC 串聯、並聯電路實驗

實習 7-1 電容之串並聯電路實驗

◆一、目的

㈠ 瞭解電容器在電路中串聯及並聯之總電容值的計算方法。

㈡ 學習電容器串聯、並聯電路之測量方法。

㈢ 使學生熟練 RLC 三用電表之操作。

◆二、相關知識與原理

電容器串聯時、其每個電容串聯之元件電路,如圖 7-1-1 所示。

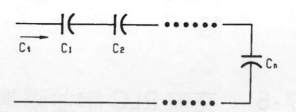

圖 (7-1-1) n 個電容器串聯電路

設總電容量為C_t則

$$C_t = \frac{1}{\dfrac{1}{C_1} + \dfrac{1}{C_2} + \ldots + \dfrac{1}{C_n}}$$ ……………………………（7-1-1）式

當有幾個相同電容串聯時，其總電容量C_t為

$$\frac{1}{C_t} = \frac{1}{C_1} + \frac{1}{C_2} + \frac{1}{C_3} + \ldots + \frac{1}{C_n} = \sum_{i=1}^{n} \frac{1}{C_i}$$ …………………（7-1-2）式

電容器並聯時，其每個電容並聯之元件電路，如圖（7-1-2）電容器並聯電路所示。

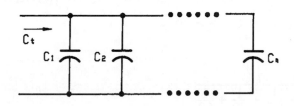

圖（**7-1-2**）n個電容器並聯電路

設總電容量為C_t則

$$C_t = C_1 + C_2 + \cdots \cdots + C_n$$ ……………………………………（7-1-3）式

當有 n 個相同電容並聯時，其總電容量C_t為

$$C_t = C_1 + C_2 + \cdots \cdots + C_n = \sum_{i=1}^{n} C_i$$ ………………………（7-1-4）式

例（7-1-1）如圖（7-1-3）所示，有一四個 22μf 電容器，接成一個串聯電路，則其總電容值C_t為多少？

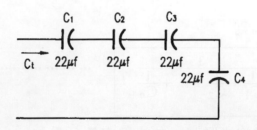

圖（**7-1-3**）四個電容器串聯電路

解：

$$\because C = C_1 = C_2 = C_3 = C_4$$

$$\therefore C_t = \frac{C}{n} = \frac{22}{4} = 5.5 \; \mu f$$

例（7-1-2）如圖（7-1-3）所示，當 $C_1 = 4.7\mu f$，$C_2 = 47\mu f$，$C_3 = 22\mu f$，$C_4 = 33\mu f$，則求其總電容值 C_t 為多少？

解：

$$C = \frac{1}{\dfrac{1}{4.7} + \dfrac{1}{4.7} + \dfrac{1}{22} + \dfrac{1}{33}}$$

$$= 3.22789 \; \mu f$$

$$\fallingdotseq 3.23 \; \mu f$$

例：(1)（7-1-3）如圖（7-1-4）所示之電路 $C_1 = C_2 = C_3 = C_4 = C_5 = 33\mu f$ 時，則其總電值 C_t 為多少？

(2) 當 $C_1 = 22 \; \mu f$，$C_2 = 4.7 \; \mu f$，$C_3 = 1 \; \mu f$，$C_4 = 3.3\mu f$，$C_5 = 4.7\mu f$，則其總電容值 C_t 為多少？

解：

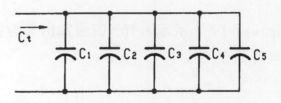

圖（**7-1-4**）五個電容器並聯電路

(1)　　∵ $C = C_1 = C_2 = C_3 = C_4 = C_5$

　　　∴ $C_t = n \cdot C = 5 \times 33 \mu f = 165 \mu f$

(2)　　$C_t = C_1 + C_2 + C_3 + C_4 + C_5$

　　　　$= 22 + 4.7 + 1 + 3.3 + 47$

　　　　$= 78 \mu f$

◆三、實習設備及材料

名　　稱	規　　格	數　量	備　　註
RLC 三 用 電 表	一般型式	1 台	
各 種 電 容 器	$10\mu f \sim 1000\mu f$	數個	
連 接 線	0.6mm	數條	

◆四、接線圖

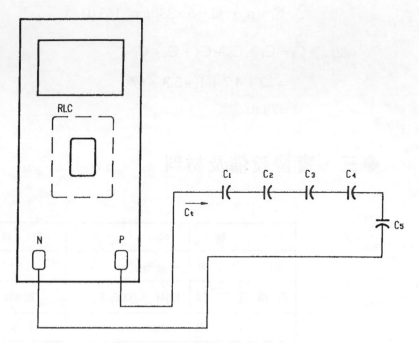

圖（7-1-5）五個電容器串聯電路

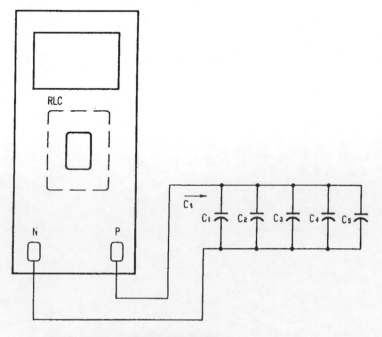

圖（7-1-6）五個電容器並聯電路

◆五、實習步驟

㈠ 電容器串聯實驗

　　1. 完成圖（7-1-5）之接線。

　　2. 將 RLC 三用電表調到 C 的刻度檔之適當位置，分別先測量各元件
　　　之電容值，然後再測量其總電容值，並記錄之。

　　3. 利用 $\boxed{C_t = \dfrac{1}{\dfrac{1}{C_1} + \dfrac{1}{C_2} + \cdots + \dfrac{1}{C_n}}}$

　　之關係式求出等效電容值。

　　4. 更換電容值，重覆上述步驟。

㈡ 電容器並聯實驗

　　1. 完成圖（7-1-6）接線。

　　2. 同上步驟 2。

　　3. 利用 $\boxed{C_t = C_1 + C_2 + C_3 + \cdots\cdots + C_n}$

　　之關係式求出等效電容值。

　　4. 更換電容值，重覆上述步驟。

◆六、注意事項

㈠ 注意 RLC 電表電池是否有電。

㈡ 測量時多做幾次再求平均值，以求精確。

㈢ 注意電容之耐壓值，所加電壓不可超過其耐壓值。

◆七、實習結果

表 (7-1-1) 電容器串聯電路值表

	C_1	C_2	C_3	C_4	C_5	$C_t = \dfrac{1}{\dfrac{1}{C_1} + \dfrac{1}{C_2} + \dfrac{1}{C_3} + \dfrac{1}{C_4} + \dfrac{1}{C_5}}$
計算值						
測量值						

㈠ 電容串聯實驗：

㈡ 電容器並聯實驗

表 (7-1-2) 電容器並聯電路值表

	C_1	C_2	C_3	C_4	C_5	$C_t = C_1 + C_2 + C_3 + C_4 + C_5$
計算值						
測量值						

◆ 八、討論題綱

㈠ 試計算下圖（7-1-7）、（7-1-8）之總電容量

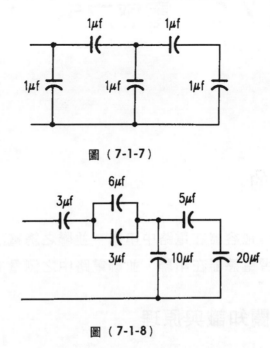

圖（7-1-7）

圖（7-1-8）

㈡ 電容在直流電時或在頻率無限大時有何效應？

實習 7-2　電感之串、並聯電路實驗

◆一、目的

㈠ 瞭解電容器在電路中串聯、並聯之總電感值的計算方法。

㈡ 學習電感器在串聯、並聯電路中之測量方法。

◆二、相關知識與原理

n個電感器串聯電路，如圖 7-2-1 所示，如果電感器之間的距離甚遠，則其總電感值為 L_t。

$$L_t = L_1 + L_2 + \cdots\cdots + L_n$$ ………………………………………………… (7-2-1)

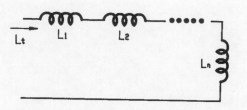

圖 (7-2-1) n個電感器串聯電路

如果有 n 個相同值的電感器串聯時，其總電感值 L_t 為

$$L_t = L_1 + L_2 + \cdots\cdots + L_n = \sum_{n=1}^{n} L_n$$

…………………………………… (7-2-2)

如果兩串聯電感器之間的距離很遠，兩線間之互感 L_m 等於零，則總電感值 L_t = $L_1 + L_2$。如圖 (7-2-2) 所示。

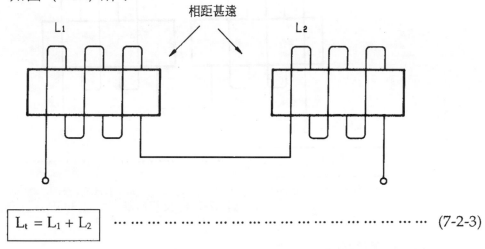

$$L_t = L_1 + L_2$$

…………………………………………… (7-2-3)

圖 (7-2-2) 沒有互感

如果兩串電感器之間的距離很近，且具有相同的纏繞的方向，則電感器之間磁力線會相互耦合，總電感值如圖 7-2-3 所示。

$$L_t = L_1 + L_2 + 2L_m$$

………………………………………… (7-2-4)

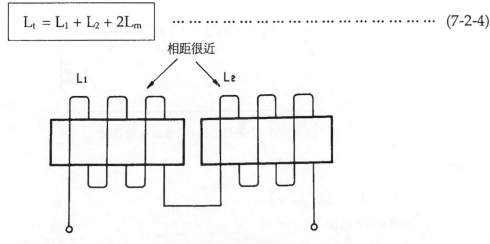

圖 (7-2-3) 加極性串聯

如果兩串聯電感器之間的距離很近，且具有相反的纏繞的方向，屬於反相串聯式聯接，則電感值 $L_t = L_1 + L_2 - 2L_m$。

　　如圖 (7-2-4) 所示。

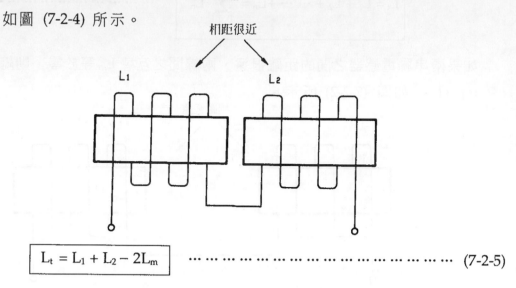

$$L_t = L_1 + L_2 - 2L_m$$ ……………………………………… (7-2-5)

圖 (7-2-4) 反相串聯

　　L_m ＝兩線圈間之互感

　　L_t ＝總電感值

例 7-2-1 如圖 (7-2-5) 所示之電路，當 L_1 =3H ， L_2=5H ， L_3= 7H ， L_4= 10H ，L_5 = 2H ，求其總電感值 L_t 爲多少 ？

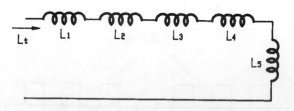

圖 (7-2-5) 五個電感器串聯電路

解 ：

　　$L_t = L_1 + L_2 + L_3 + L_4 + L_5$

　　　 $= 3+5+7+10+2$

　　　 $= 27H$

例 7-2-2 有一電感器 $L_1 = 100mH$，另一電感器 $L_2 = 200mH$ 相互串聯，且兩電感器之距離甚近，互感 $L_m = 80HH$，同 (1) 如二個線圈具有相同之纏繞方向，試求其總電感值 L_t 為多少？ (2) 若二個線圈之纏繞方向相反，試求其總電感值。

解：

(1) $\quad L_t = L_1 + L_2 + 2L_m$

$\qquad = 100+200+2\ (80)$

$\qquad = 460\ mH$

(2) $\quad L_t = L_1 + L_2 - 2L_m$

$\qquad = 100+200-2\ (80)$

$\qquad = 140\ mH$

例 7-2-3 如圖 (7-2-6) 所示之電路，當 $L_1 = 1.5H$，$L_2 = 3H$，$L_3 = 2.5H$，$\dfrac{1}{C_4} = 5H$，$\dfrac{1}{C_5} = 3H$，求其總電感值 L_t 為多少？

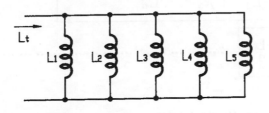

圖 (7-2-6) 五個電感器並聯電路

解：

$$L_t = \cfrac{1}{\dfrac{1}{C_1} + \dfrac{1}{C_2} + \dfrac{1}{C_3} + \dfrac{1}{C_4} + \dfrac{1}{C_5}}$$

$$= \cfrac{1}{\dfrac{1}{1.5} + \dfrac{1}{3} + \dfrac{1}{2.5} + \dfrac{1}{5} + \dfrac{1}{3}}$$

$$= 0.517H$$

若 n 個電感器並聯電路，如圖 7-2-7 所示，則總電感值 L_t 為

$$L_t = \cfrac{1}{\cfrac{1}{L_1} + \cfrac{1}{L_2} + \ldots + \cfrac{1}{L_n}} \quad\quad\quad (7\text{-}2\text{-}6)$$

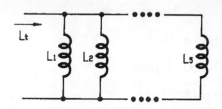

圖 (7-2-7) n 個電感器並聯電路

設 $L_1 = L_2 = \cdots\cdots = L_n = L$ 則 n 個相同值的電感器並聯時，其總電感值 L_t 為

$$\frac{1}{L_t} = \cfrac{1}{\cfrac{1}{L_1} + \cfrac{1}{L_2} + \ldots + \cfrac{1}{L_n}} = \sum_{n=1}^{n} \frac{1}{L_n}$$

$\therefore$ $$L_t = \frac{L}{n} \quad\quad\quad\quad (7\text{-}2\text{-}7)$$

◆三、實習設備與材料

表（7-2-1）

名　　　稱	規　格	數　量	備　註
RLC 三用電表	一般型式	1 台	
各種電感器	10mH～1H	數個	
連　接　線	0.6mm	數條	

◆四、接線圖

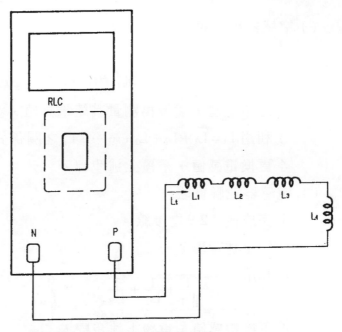

圖 (7-2-8) 四個電感器串聯電路

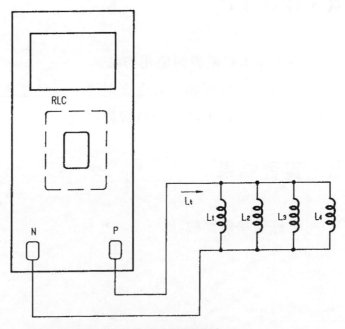

圖 (7-2-9) 四個電感器並聯電路

◆五、實習步驟

(一) 電感器串聯實驗

1. 完成圖 7-2-8 之接線。
2. 將 RLC 三用電表調到 L 的刻度檔之適當位置，分別先測量各元件之電感值，然後再測量其總電感值，並記錄之。
3. 利用 $L_t = L_1 + L_2 + L_3 + \cdots\cdots + L_n$ 之關係式求出等效電感值。
4. 更換電感值，重覆上述步驟。

(二) 電感器並聯實驗

1. 完成圖 7-2-9 之接線。
2. 同上述步驟 2。
3. 利用 $L_t = \dfrac{1}{\dfrac{1}{L_1} + \dfrac{1}{L_2} + \dfrac{1}{L_3} + \ldots + \dfrac{1}{L_n}}$ 之關係式求出等效電感值。
4. 更換電感值，重覆上述步驟。

◆六、注意事項

(一) 注意 R-L-C 電表的使用方法。
(二) 電感不可任意加一大直流電源，以免產生短路電流。
(三) 重覆幾次以求其平均值數較精確。

◆七、實習結果

(一) 電感器串聯實驗

表 **7-2-2** 電感器串聯電路值表

	L_1	L_2	L_3	L_4	$L_t = L_1 + L_2 + L_3 + L_4$
計算值					
測量值					

(二) 電感器並聯實驗

表 **7-2-3** 電感器並聯電路值表

	L_1	L_2	L_3	L_4	$L_t = \dfrac{1}{\dfrac{1}{L_1} + \dfrac{1}{L_2} + \dfrac{1}{L_3} + \dfrac{1}{L_4}}$
計算值					
測量值					

◆八、討論題綱

(一) 試計算下圖（7-2-10）、（7-2-11）之總電感值。

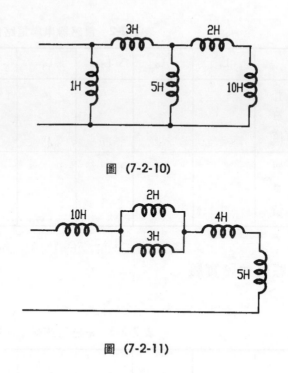

圖 (7-2-10)

圖 (7-2-11)

㈡ 試討論當一直電源加入一電感器時可能產生之影響。

實習 7-3　交流 RL、RC 串聯電路實驗

◆一、目的

㈠ 瞭解交流 RL、RC 串聯電路之特性與相量關係。

㈡ 用實驗以驗證理論之正確性。

◆二、相關知識與原理

㈠ 交流 RL 串聯電路

如圖（7-3-1）所示，為 RL 串聯電路，在此以 $i = I_m \sin \omega t$ 之相角為參考，流經此電路中之電流 i 與電阻器 R 兩端之電壓降 V_r 同相，所以 $V_r = i R = R \, Im \sin \omega t$，在此電流 i_L 又與電感器電壓 V_L 有 90 度的相位差，所以

$$V_L = L \frac{d\,i_L}{d\,t} = WL \, Im \cos \omega t$$

$$= WL \, I_m \sin \; (\omega t + 90°)$$

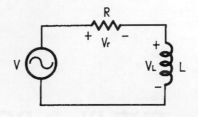

圖（**7-3-1**）RL 串聯電路

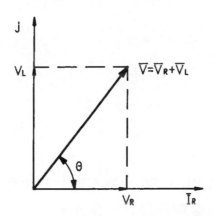

圖（**7-3-2**）RL 串聯電路中，各電壓間之相量圖

由克希荷夫電壓（KVL）定律得知，輸入電壓為兩負載電壓之和故

$$\vec{V} = \vec{V}_r + \vec{V}_L$$

$$= i\,R + L\frac{d\,i_L}{d\,t}$$

$$= R\,I_m \sin \omega t - W_L\,I_m \cos \omega t$$

$$\boxed{= I_m\ (R \sin \omega t + W_L \cos \omega t)} \quad \cdots\cdots\cdots\cdots\cdots\cdots\cdots（7\text{-}3\text{-}1）式$$

$$\therefore \quad \boxed{\vec{V} = I_m\ (R \sin \omega t + W_L \sin \omega t + 90°)}$$

如圖（7-3-2）所示，V 與 Vr 間之夾角 θ 為

$$\theta = \tan^{-1}\frac{V_L}{V_r}$$

如圖（7-3-3）所示，為電阻 R，感抗 X_L，阻抗 Z 與相角 θ 之關係相量圖。

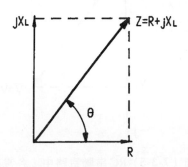

圖 **(7-3-3)** RL 串聯電路阻抗相量圖

$$P \cdot F = \cos\theta = \frac{R}{R + j X_L} = \frac{R}{Z} \quad 或$$

$$\theta = \tan^{-1} \frac{X_L}{R}$$

㈡ 交流 RC 串聯電路

如圖（7-3-4）所示，為 RC 串聯電路，在此以 $i_c = I_m \sin \omega t$ 之相角為參考，流經此電路中之電流 i_c 與電阻器 R 兩端之電壓降 V_r 同相，所以 $V_r = iR = R I_m \sin \omega t$。在此電流 i_c 又與電容器電壓 V_c 有 90° 的相位差（V_c 較 i 落後 90°），所以 $V_c = \frac{1}{C} \int_0^t I_m \sin \omega t \, dt$。

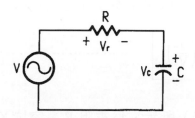

圖 **(7-3-4)** RC 串聯電路

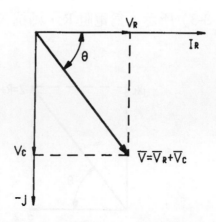

圖（7-3-5）RC串聯電路中，各電壓間之相量圖

由克希荷夫電壓（KVL）定律得知，輸入電壓為兩負載電壓之和

故 $\vec{V} = \vec{V}_r + \vec{V}_c$

$$= i\,R + \frac{1}{C}\int_0^t I_c\,dt$$

$$= R\,I_m\sin\omega t + \frac{1}{C}\int_0^t I_m\sin\omega t\,dt$$

$$= R\,I_m\sin\omega t + \frac{I_m}{W_C}\cos\omega t$$

$$\boxed{= I_m\left(R\sin\omega t + \frac{1}{W_C}\cos\omega t\right)}$$ ……………………（7-3-3）式

如圖（7-3-5）所示，V 與 V_r 之間夾角θ為

$$\boxed{\theta = \tan^{-1}\left(\frac{V_c}{V_r}\right)}$$ ………………………………（7-3-4）式

如圖（7-3-6）所示，為電阻 R，容抗 Xc，阻抗 Z 相角θ之關係相量圖。

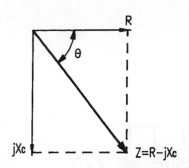

圖（7-3-6）RC串聯電路阻抗相量圖

$$P \cdot F = \cos\theta = \frac{R}{R - jX_C} = \frac{R}{Z}$$

$$\theta = \cos^{-1} \frac{R}{Z}$$

$$\theta = \tan^{-1} \left(\frac{X_c}{R} \right)$$

◆三、實習設備與材料

名　　　　稱	規　　格	數　　量	備　　　註
示　波　器	一般型	1台	
信　號　產　生　器	正弦波輸出	1台	
三　用　電　表	一般型	1台	
變　壓　器	110V/12V	1個	
電　　阻	1K～30KΩ	若干	
電　　感	10mH～200mH	若干	
電　　容	1μf～2000μf	若干	
交　流　伏　特　計	0～150V	1台	
交　流　安　培　計	0～1A	1台	

◆四、接線圖

(一) 串聯電路實驗

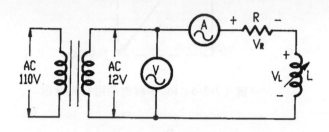

圖（**7-3-7**）RL 串聯電路

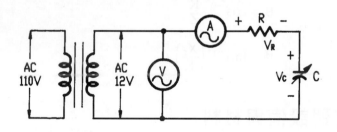

圖（**7-3-8**）RC 串聯電路

◆五、實習步驟

(一) RL 串聯電路實驗

1. 完成圖（7-3-7）之接線。

2. 送入交流電 110V，以三用電表交流電壓檔測 V_r、V_L 之電壓值，並記錄安培計之值。

3. 改變電感值，重覆上述步驟。

(二) RC 串聯電路實驗

1. 完成圖（7-3-8）之接線。

2. 送入電源交流 110V，以三用電表交流電壓檔量測 V_r、V_c 之電壓值，並記錄安培計之值。

3. 改變電容值，重覆上述步驟。

◆六、注意事項

㈠ 注意電阻，電容之耐壓及容量，加壓不可超過額定範圍。

㈡ 改變電容及電感時要由小而大依序增加。

㈢ 電壓要固定，不可忽大忽小。

◆七、實習結果

㈠ RL 實聯電實驗

表（7-3-1）RL 串聯電路實驗數據

R = ＿＿＿＿＿ Ω

V	I	V_r	V_L	$X_L = \dfrac{V_L}{I}$	$L = \dfrac{X_L}{2\Pi f}$	$\theta = \tan^{-1}\dfrac{X_L}{R}$

㈡ 繪 L－θ 之關係圖
㈢ RC 串聯路實驗

表 (**7-3-2**) RC 串聯電路實驗數據

V	I	V_r	V_c	$X_c = \dfrac{V_c}{I}$	$C = \dfrac{1}{2\pi f X_c}$	$\theta = \tan^{-1}\dfrac{X_c}{R}$

㈣ 繪 C－θ 之關係曲線圖。

◆八、討論題綱

㈠ 純電感電路中，與電流之相角關係爲何？

㈡ 在 RL 串聯電路中，電感值增加對電路之電流之變化有何影響？

㈢ 純電容電路中，電壓與電流相位角關係爲何？

㈣ 在 RC 串聯電路中，當電容量增大時，對電路之電流有何影響？

實驗 7-4　RL、RC 並聯電路實驗

◆一、目的

㈠ 瞭解電阻－電感並聯時之特性及向量的關係。

㈡ 繪 R-L 向量圖，並印證交流電路之理論。

㈢ 瞭解電阻－電容並聯時之特性及向量的關係。

㈣ 繪 R-C 向量圖，並印證交流電路之理論。

◆二、原理：

㈠ 如圖（7-4-1）所示，為－R-L 並聯電路，由克希荷夫電流

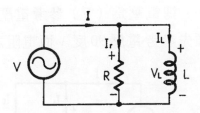

圖（7-4-1）交流 R-L 並聯電路

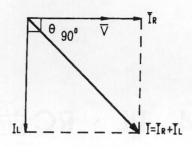

圖（**7-4-2**）向量圖

定理（KCL）知 $\vec{I} = \vec{I}_r + \vec{I}_L$ 之向量和，因並聯之關係，V_R 等於 V_L 當
$\vec{V}$ 為參考相位時，則 $\vec{V}$ 與 $\vec{I}_r$ 同相位，而 $\vec{I}_L$ 滯後 $\vec{I}_r$ 或 $\vec{V}$ 90 度。（如圖
7-4-2）向量圖所示。

且

$$\boxed{I_r = \frac{\vec{V}}{R}} \quad (A) \quad \cdots\cdots\cdots\cdots\cdots\cdots\cdots\cdots\cdots（7\text{-}4\text{-}1）式$$

$$\boxed{I_L = \frac{\vec{V}}{X_L}} \quad (A) \quad \cdots\cdots\cdots\cdots\cdots\cdots\cdots\cdots\cdots（7\text{-}4\text{-}2）式$$

$$\boxed{I_t = \vec{I}_r + \vec{I}_L = \sqrt{I_r^2 + I_L^2} \quad\underline{/-\tan^{-1}\frac{I_L}{I_r}}} \quad \cdots\cdots\cdots\cdots（7\text{-}4\text{-}3）式$$

㈡ 如圖（7-4-3）所示為一交流 R-C 並聯電路圖，依克希荷夫電流定律
知，$\vec{I} = \vec{I}_r + \vec{I}_L$，總電壓為（$\vec{V}$）參考電壓時，$\vec{V} = \vec{V}_r = \vec{V}_c$ 且流經電容
之電流 I_c，領先參考電壓 90 度，而電阻之電流 I_r 與 $\vec{V}$ 同相位。

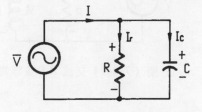

圖（**7-4-3**）R-C 交流並聯電路圖

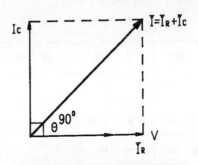

圖（**7-4-4**）R-C 並聯向量圖

$$I_r = \frac{\vec{V}}{R} \qquad (A)$$

$$I_C = \frac{\vec{V}}{X_c} \qquad (A) \quad\cdots\cdots\cdots\cdots\cdots\cdots\cdots\cdots\cdots\cdots\cdots\cdots\cdots（7\text{-}4\text{-}4）式$$

$$\theta = \tan^{-1} \frac{I_c}{I_r}$$

且　$\overline{Z} = \dfrac{\vec{V}}{I}\;(\Omega)$

◆三、實習設備與器具材料

名　　稱	規　　格	數　量	備　　　註
示　波　器	一　般　型	1台	
信 號 產 生 器	正弦波輸出	1台	
三 用 電 表	一　般　型	1台	
變　壓　器	110V/12V 1A	1個	
可 變 電 阻	1K～100K Ω	若干	
電　感　器	（0～200mH）	若干	
電　容　器	（1μf～2000μf）	若干	
交 流 電 壓	（0～150V）	1台	
交 流 電 流 表	（0～1A）	1台	

◆四、接線圖：

㈠ 如圖（7-4-5）接線。（R-L 並聯電路圖）。

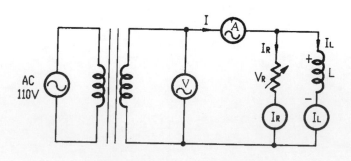

圖（7-4-5）R-L交流並聯電路

㈡ 如圖（7-4-6）接線。（R-C並聯電路圖）。

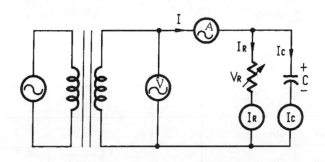

圖（**7-4-6**）R-C交流並聯電路

◆五、實習步驟

㈠ 如圖（7-4-5）R-L並聯電路圖接線。

㈡ 將電表切入適當刻度。

㈢ 送入 AC110V電源到變壓器。

㈣ 鍵入 $\bar{V}$, $\check{I}$, $\check{I}_r$, I_L等數據。（更改電阻 V_R）

㈤ 如圖（7-4-6）R-C並聯電路接線。

㈥ 重覆步驟㈡～㈣並記錄 $\bar{V}$, I , $\check{I}_r$, I_c等數據，（更改電阻 V_R）。

㈦ 將適當數據填入數據表中。

㈧ 驗算，如有錯誤，並重覆上述㈠至㈤步驟再做一次。

◆六、注意事預

㈠ 注意電表，儀器，電阻，電容，電感之耐壓及容量。

㈡ 送電源電壓時，也可接上自耦變壓，漸增入電壓。

㈢ 改變電阻時，不可變爲零，必須要有適當之限流電阻。

㈣ 用視波器測量，觀察其波形之變化。

㈤ 繪相量圖時要仔細，以免誤差過大。

◆七、實習結果

㈠ R-L 並聯實驗

V	R	V_r	I	I_L	X_L	θ	備　　　　註
10V	1K						
10V	2K						
10V	3K						
10V	4K						
10V	5K						
10V	10K						
10V	20K						

㈡ 繪 L－θ 之曲線圖

㈢ R-C 並聯實驗

V	R	V_r	I	I_c	X_c	θ	備　　　　註
10V	1K						
20V	10K						
30V	20K						
40V	40K						

㈣ 繪 C－θ 之曲線圖

◆ 八、討論題綱

    ㈠ 改變 R 由小而大則 θ 角之變化如何？（在 R－L 並聯電路中）

    ㈡ 在 R－C 並聯電路中 R 由小而大則 θ 角之變化如何？

    ㈢ 改變 C，L 對 θ 角之變化如何？

    ㈣ R－L 並聯電路中，V_r，V_L，I_r，I_L 之相位關係如何？

    ㈤ R－C 並聯電路中，V_r，V_c，I_r，I_c 之相位關係如何？

實習 7-5 交流 R-L-C 串並聯電路實驗

◆一、目的

㈠ 瞭解 RLC 串並聯電路之特性及其相位關係。

㈡ 驗證 R-L-C 交流串並聯電路。

◆二、相關知識與原理

　　如圖 (7-5-1) 所示為 RLC 串聯電路，流入此電路之總電流 I 等於 I_τ 等於 I。而電阻、電感、電容之壓降分別為 V_r、V_L、V_c 其相位關係為，設總電壓 $\vec{V}$ 為參考電壓，則 $\vec{V}_r$ 與 $\vec{V}$ 同相位，而 I_τ 滯後 $\vec{V}$ 90 度，且 I_c 領先電壓 $\vec{V}$ 90 度，因此 IL 與 Ic 相位相差 180 度，而 V_τ 與 Vc 也相差 180 度。

　　由克希荷夫電壓定律 $\vec{V} = \vec{V}_r + \vec{V}_L + \vec{V}_c$。

　　而

$$
\begin{aligned}
V_r &= i\,R = R\,I_m \sin \omega t \\
V_L &= i\,X_L = W_L\,I_m \cos \omega t \qquad &&= X_L\,I_m\ (\sin \omega t + 90°) \quad\cdots\cdots\cdots\cdots\cdots\ (7\text{-}5\text{-}1)\ \text{式} \\
V_c &= i\,X_c = -\frac{I_m}{W_c} \cos \omega t \qquad &&= X_c\,I_m\ \sin\ (\omega t - 90°)
\end{aligned}
$$

所以總電壓 $V = R\,I_m \sin\omega t + I_m\left(WL - \dfrac{1}{WC}\right)\cos\omega t$

$$= I_m\ (\,R\sin\omega t + X\cos\omega t\,)$$

設 $X = WL - \dfrac{1}{WC} = X_L + X_c$

$\therefore$ 總阻抗 $Z = R + j\left(WL - \dfrac{1}{WC}\right)$

$$= \boxed{R \pm jX} \quad \cdots\cdots\cdots\cdots\cdots\cdots\cdots\cdots\cdots\cdots\cdots\cdots\text{(7-5-2) 式}$$

(一) X視電路中電容或電感之變化而改變，有下列三種情況：如圖（7-5-2所示）。

(1) 當 $XL > X_c$，即 $WL > \dfrac{1}{WC}$，因此 $X > 0$，電路呈電感性且視同 R—L 串聯電路，相位角為電流 I；滯後電壓 $\overline{V}$、θ角。

即 $\overline{V} = \sqrt{V_r^2 + (V_\tau - V_c)^2}$ 　　　　　　　(7-5-3) 式

(2) 當 $X_\tau = X_c$，即 $WL = \dfrac{1}{WC}$，因此 $X = 0$，即電路呈純電阻性，視同純電阻電路，相位角為電流 $\dot{\text{ı}}$ 與電壓 $\overline{V}$ 同相位。

所以 $\overline{V} = \sqrt{V_r^2 + (V_c - V_L)^2}$ 　　　　　　　(7-5-4) 式

(3) 當 $X_c > X_\tau$，即 $\dfrac{1}{WC} > WL$，因此 $X < 0$，電路呈電容性，R—L—C 電路視同 R—C 串聯，相位角為電流 $\dot{\text{ı}}$ 領先電壓 $\overline{V}$。

所以 $\overline{V} = \sqrt{V_r^2 + (V_c - V_L)^2}$ 　　　　　　　(7-5-5) 式

　　由上述知改變 L，C 之值，當頻率固定不變時，將影響電路之電流，阻抗大小及相位關係。若 L、C 不變，改變電源信號頻率，亦將其電流，阻抗之大小及相位關係。

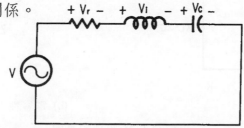

圖 **(7-5-1)** RLC 串聯電路

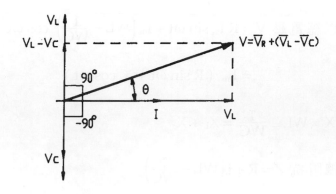

圖 **(7-5-2)** 電壓向量圖

且圖 (7-5-2) 中之 θ 角爲 V 與 V_r 之夾角。

$$\boxed{\begin{aligned} \theta &= \tan^{-1}\left(-\frac{V_L - V_c}{V_r}\right) \quad （電感性時）\\[2mm] &= \tan^{-1}\left(-\frac{V_c - V_L}{V_r}\right) \quad （電容性時） \end{aligned}}$$ …………………… (7-5-3) 式

而阻抗 　$\boxed{Z = \sqrt{R^2 + (X_L - X_c)^2}}$　 （電感性時） ………… (7-5-4) 式

$\boxed{Z = \sqrt{R^2 + (X_c - X_L)^2}}$　 （電容性時） ………… (7-5-5) 式

其中三者阻抗相量圖如（7-5-3）所示。

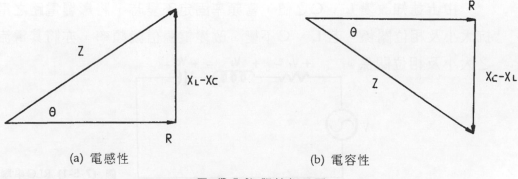

(a) 電感性　　　　　　　　　(b) 電容性

圖 **(7-5-3)** 阻抗相量圖

$$\begin{aligned} P &= V\,I\cos\theta & \text{(W)} \\ \theta &= V\,I\sin\theta & \text{(VAR)} \\ S &= VI & \text{(VA)} \\ &= P \pm j\,Q \end{aligned}$$ ……………………………… (7-5-6) 式

其中功率相量圖如圖（7-5-4）所示。

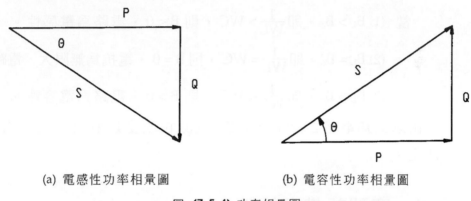

(a) 電感性功率相量圖　　　　　(b) 電容性功率相量圖

圖 (7-5-4) 功率相量圖

(二) R—L—C 並聯電路

如圖（7-5-5）所示為 R—L—C 並聯電路圖，設輸入一正弦波交流電壓 $V = V_m \sin\omega t$，則總電流 $i = iR + iL + iC$。

其中 $\boxed{iR = \dfrac{V_m}{R}\sin\omega t}$ ……………………………… (7-5-7) 式

$\boxed{iL = \dfrac{V_m}{WL}\sin(\omega t - 90^\circ) = -\dfrac{V_m}{WL}\cos\omega t}$ ………… (7-5-8) 式

$\boxed{iC = WC\,V_m\sin(\omega t + 90^\circ) = WC\,V_m\cos\omega t}$ … (7-5-9) 式

所以總電流 $i = iR + iL + iC$

$$= \frac{V_m}{R} \sin \omega t + V_m \left(WC - \frac{1}{WL} \right) \cos \omega t$$

設 $B = WC - \frac{1}{WL} = B_c + B_L$（電納）

因此 $i = V_m \left(\frac{1}{R} \sin \omega t + B \cos \omega t \right)$ (7-5-10) 式

因此電路之電流是超前或滯後由 B_c 及 B_τ 之大小來決定。

當 (1) $B_L > B_c$，即 $\frac{1}{WL} > WC$，則 $B < 0$，電路為電感性。

(2) $B_L = B_c$，即 $\frac{1}{WL} = WC$，則 $B = 0$，電抗為無限大，電路為電阻性。

(3) $B_L > B_c$，即 $\frac{1}{WL} < WC$，則 $B > 0$，電路為電容性。

由以上知電路之特性的改變，可以由改變頻率 f 或電感、電容值之大小來決定。

◆三、實習設備與材料

如表（7-5-1）所示。

表 (7-5-1)

名　　　　稱	規　　　　格	單　位	數　量	備　　　註
信 號 產 生 器	正弦波輸出	台	1	
示 　 波 　 器	40MHz，雙軌	台	1	
二 　 用 　 表	一般型	台	1	
電 　 阻 　 器	1K～10K/0.5W	只	若干	
電 　 感 　 器	1mH～100mH	只	若干	
電 　 容 　 器	100μf～2200μf	只	若干	
交 流 電 流 表	0.1A～1A	只	1	
電 　 　 　 線	0.6mm	圈	1	

◆四、接線圖

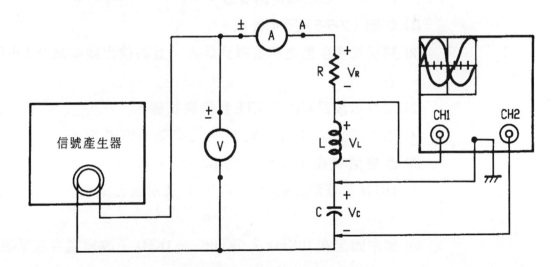

圖 (7-5-5) R－L－C串聯電路圖

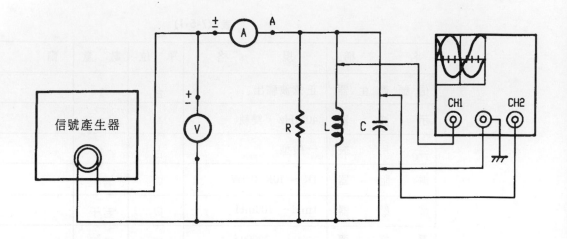

圖 **(7-5-6)** R—L—C並聯電路圖

◆五、實習步驟

㈠ R—L—C串聯電路實驗。

(1) 如圖（7-5-5）所示接線。

(2) 將信號產生器之訊號調到最大，並將輸出頻率調至10KHz左右。

(3) 調整示波器 CH_1 及 CH_2 到待測狀態。

(4) 用三用表測出 V_r， V_L， V_c 之有效值電壓。

(5) 改變信號產生器頻率為10KHz、8KHz、6KHz、2KHz、1KHz，分別記錄 V_r， V_L， V_c 及示波器測試值，填入表（7-5-2）。

(6) 頻率固定在10KHz、5KHz……1KHz，改變電容或電感重做一次。

㈡ R—L—C並聯電路實驗。

(1) 如圖（7-5-6）所示接線。

(2) 重覆串聯電路之步驟(2)至(6)。

(3) 將記錄結果填入表（7-5-3）。

◆六、注意事項

(一)先用 R—L—C 電表測出各電感、電容值，以利實驗之進行。

(二)改變頻率之前先計算大約頻率之大小，再做調整。

(三)示波器之波形相位僅供參考，不宜拿來運算。

◆七、實習結果

(一)R—L—C 串聯電路實驗。

表 (7-5-2)

f (HZ)	I	Vr	V_L	V_c	V	電　路 性　質	備　　　註
10K							R = ?
8K							L = ?
6K							C = ?
4K							
2K							
1K							

㈡R—L—C並聯電路實驗。

表 (7-5-3)

f (HZ)	V	R	B_L	B_c	I	電 路 性 質	備　　　　註
10K							L = ?
8K							C = ?
6K							
4K							
2K							
1K							

◆八、討論題綱

㈠ 試述 R—L—C 串聯電路中，R、C固定 L 增加，頻率固定時電壓及電流之相角變化。

㈡ R—L—C 串聯電路中，當 R、L、C固定時，頻率增加，對電路相位有何影響。

㈢ 試繪 R—L—C 出並聯電路之 B—ω之曲線圖。

㈣ 試用電腦模擬 R—L—C 串聯電路 X—ω之曲線圖。

單元八　諧振電路實驗

實驗 8-1　串聯諧振電路

◆一、目的

(一) 瞭解交流 RLC 串聯諧振電路之特性。

(二) 用實驗以驗證其理論之正確性。

◆二、相關知識與原理

在一串聯 RLC 電路中，能對某一特定的頻率作比較顯著的響應，在該頻率下，電感抗及電容抗相等，此頻率稱為諧振頻率。

當諧振時，$|X_L| = |X_c|$ 如圖（8-1-1）所示。

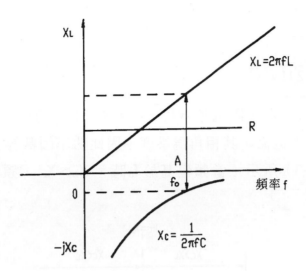

圖（8-1-1） 在諧振頻率 f_c 點的 $|X_L| = |X_C|$

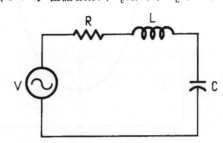

圖（8-1-2） RLC 串聯諧振電路

如圖（8-1-2）所示的串聯諧振電路，阻抗 $Z = \sqrt{R^2 + (X_L - X_c)^2}$ 。

其中 $X_L = 2 \Pi f L$

$$X_c = \frac{1}{2 \Pi f C}$$

$\because$ $X_L = X_c$

$\therefore$ $2 \Pi f L = \frac{1}{2 \Pi f C}$

$$f^2 = \frac{1}{(2 \Pi)^2 L C}$$

諧振頻率

$$f_o = \frac{1}{2\,\Pi\,\sqrt{LC}}$$ ………………………………………（8-1-1）式

在諧振時 $X_L = X_c$，阻抗 $Z = \sqrt{R^2 + 0} = R$，此時有最小阻抗，因此圖（8-1-2）電路有最大電流，其相角為零度，因此功率因數等於 1。

如圖（8-1-3）所示，當頻率高於 f_o 時，$X_L > X_c$，頻率低於 f_o 時，$X_c > X_L$。

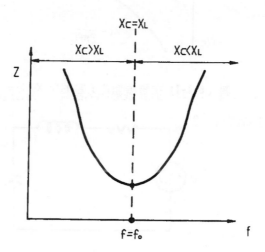

圖（**8-1-3**）頻率高於 f_o 時，$X_L > X_c$
頻率低於 f_o 時，$X_c > X_L$

如圖（8-1-4）所示，在諧振時，電流是隨著阻抗的大小而變化，如阻抗愈小，則曲線的寬度愈窄，有較佳的頻率選擇能力。反之，如阻抗愈大，則曲線的寬度愈寬，在諧振頻率附近的頻率選擇能力也較差。

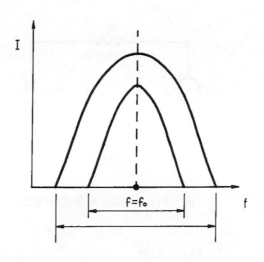

圖（8-1-4）頻率與電流關係圖

例（8-1-1）爲了提供 750KHz 的諧振頻率信號，找出要用多大的電容和 630μH 的電感串聯才能辦到？

解：

$$\therefore \quad f^2 = \frac{1}{4\,\Pi^2\,LC}$$

$$\therefore \quad C = \frac{1}{4\,\Pi^2\,L\,f^2}$$

$$= \frac{1}{4\,\Pi^2\,(630\times10^{-6})\times(750\times10^3)^2}$$

$$= 71.5\times10^{-12}\ F$$

$$= 71.5\ PF$$

　　如圖（8-1-5）所示，電容 C 之電阻和電感 L 之纏繞電阻和接線電阻總計是 12 Ω。電路在 900KHz 諧振時，求電流及各元件之壓降？在外加電壓頻率爲 1000KHz 時，描述此電路之狀況。

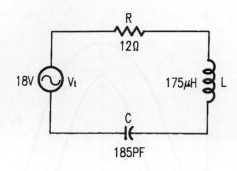

圖（**8-1-5**）RLC 串聯諧振電路

解：(1) 諧振時 $Z = \sqrt{R^2 + (X_L - X_c)^2}$

$$= 12 \ \Omega$$

$$I = \frac{18}{12} = 1.5A$$

$$X_L = X_c = 2 \Pi f_o L$$

$$= 2 \times \Pi \times (900 \times 10^3) \times (175 \times 10^2)$$

$$= 989.6 \ \Omega$$

$$V_r = I \times R = 1.5 \times 12 = 18V$$

$$V_L = I \times X_L = 1.5 \times 989.6 = 1484.4V$$

$$V_c = I \times X_C = V_L = 1484.4V$$

(2)　① 在 $f = 600KHz$ 低於諧振頻率時

$$X_L = 2 \times \Pi \times f \times L$$

$$= 2 \times \Pi \times (600 \times 10^3) \times (175 \times 10^{-6})$$

$$= 659.73 \ \Omega$$

$$X_C = \frac{1}{2 \Pi f C}$$

$$= \frac{1}{2 \Pi (600 \times 10^3) \times (185 \times 10^{-12})}$$

$$= 1202.5 \ \Omega$$

因為 $X_c > X_L$，所以在低於諧振頻率時電路是屬於電容性電路。

② 在 f = 900KHz 時，諧振頻率 f_0 = 900KHz

$$X_L = X_c = 989.6 \ \Omega$$

所以諧振電路是屬於純電阻性。

③ 在 f = 1000KHz 高於諧振頻率時

$$X_L = 2 \times \Pi \times f \times L$$

$$= 2 \times \Pi \times (1000 \times 10^3) \times (175 \times 10^{-6})$$

$$= 1099.56 \ \Omega$$

$$X_L = \frac{1}{2\Pi f \cdot C}$$

$$= \frac{1}{2 \Pi (1000 \times 10^3) \times (185 \times 10^{-12})}$$

$$= \frac{1}{0.0011623}$$

$$= 860.36 \ \Omega$$

因為 $X_L > X_c$ 所以在高於共振頻率時，電路是屬於電感性電路。

$$\boxed{品質因數 = \frac{X_L}{R}} \quad \cdots\cdots\cdots\cdots\cdots\cdots\cdots\cdots\cdots\cdots \ (8\text{-}1\text{-}2) \ 式$$

品質因數 K 與電阻 R 大小成反比，當電阻 R 愈小時，品質因數的值愈大，則諧振曲線就愈陡峭。

諧振電路之值可以決定電感 L 和電容 C 兩側在諧振時最大壓降

$$V_L = V_c = V_t \qquad\qquad\qquad (8\text{-}1\text{-}3) \ 式$$

例（8-1-3）算出上題例題圖中之諧振電路的品質因數值，並計算出諧振時，電感 L 和電容 C 兩側之最大壓降？

解：$\dfrac{X_L}{R} = \dfrac{989.6}{12} = 82.467$

$V_L = V_c = V_t$

$\quad = (82.467) \times 18$

$\quad = 1484.4V$

　　如圖（8-1-6）所示，調整頻率使電路中之電流爲最大電流之 0.707 倍時之頻率 f_a 和 f_b 稱爲邊緣頻率。

$$\boxed{\text{頻寬 Bw} = f_b - f_a = \Delta f = f_o}$$ … … … … … … … … … …（8-1-4）式

　　K 值愈大，則頻寬愈窄，K 值愈小，則頻率愈寬，前者頻率選擇性較佳，後者選擇性較差。

例（8-1-4）品質因數 = 150，諧振頻率爲 1500KHz 的 LC 諧振電路，求總頻寬 Bω爲多少？邊緣頻率 f_a 和 f_b

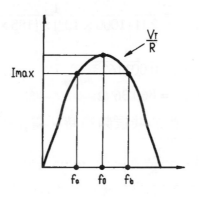

圖（8-1-6）頻率與電流關係圖

解：頻寬 $\text{Bw} = \Delta f = \dfrac{f_o}{K} = \dfrac{1500 \times 10^3}{150} = 10000$

$$f_a = f_o - \frac{\Delta f}{2} = (1500 \times 10^3) - \frac{10000}{2}$$

$$= 1495000Hz = 1495KHz$$

$$f_b = f_o - \frac{\Delta f}{2} = (1500 \times 10^3) - \frac{10000}{2}$$

$$= 1495KHz$$

◆三、實習設備與材料

名　　　　稱	規　　　格	數　　　量	備　　　註
信 號 產 生 器	正弦波輸出	1台	
數位式三用表	一　般　型	1台	
交 流 伏 特 計	～150V	1台	
交 流 安 培 計	0～1A	1台	
電　阻　器	自　　訂	1只	
電　感　器	自　　訂	1只	
電　容　器	自　　訂	5只	
連　接　線	0.6mm	若干條	

◆四、接線圖

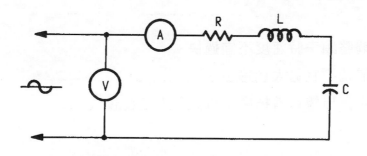

圖（8-1-7）RLC串聯諧振實驗電路

◆五、實習步驟

(一) 完成圖（8-1-7）之接線。

(二) 調整信號產生器使輸出正弦波信號，並使輸出電壓為 10 伏特。

(三) 調整信號產生器之輸出頻率，頻率由零逐漸增加，安培計會由零增大至某值，頻率再增大電流反而降低，此電流最大值時的頻率即為諧振頻率。

(四) 當諧振發生時，分別量取電阻、電感、電容元件之兩端電壓，並記錄之。

(五) 降低信號產生器的輸出頻率，使安培計讀值為最大電流值 I_{max} 的 0.707 倍，記錄此時頻率值即為 f_a。

(六) 增加信號產生器的輸出頻率，使安培計讀值為大電流值 I_{max} 的 0.707 倍，記錄此時頻率值即為 f_b。

(七) 更換電容值，電阻 R、電感 L 保持不變，重覆上述步驟。

◆六、注意事項

(一) 調整頻率時速度不宜過快。

(二) 信號不宜過大或過小。

(三) 先算出標準諧振頻率再調整則速度較快。

◆七、實習結果

表（8-1-1）RLC串聯諧振電路實驗數據

V = 10 伏

項目 ＼ 電容 C	C_1	C_2	C_3	C_4	備　　註
f_o					
V_r					
V_L					
V_c					
f_a					
f_b					
Bw					

◆ 八、討論題綱

㈠ 何謂諧振頻率？

㈡ 爲何串聯諧振發生時，電路呈純電阻性？

㈢ 頻率小於諧振頻率時，RLC串聯諧振電路呈電感性或電容性？如頻率大於諧振頻率時又爲何？

實驗 8-2　並聯諧振電路實驗

◆一、目的

(一) 瞭解交流 RLC 並聯諧振電路之特性。

(二) 以實驗驗證理論之正確性。

◆二、相關知識與原理

如圖（8-2-1）所示，為 RLC 並聯諧振電路。其電路導納

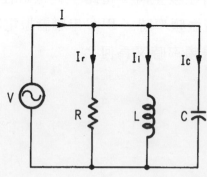

圖（8-2-1）RLC 並聯諧振電路

$$Y = G + j\left(\omega C - \frac{1}{\omega L}\right)$$

$$= \boxed{G + j \ (B_c + B_L)} \cdots\cdots\cdots\cdots\cdots\cdots\cdots\cdots\cdots\cdots （8\text{-}2\text{-}1）式$$

在諧振發生，電感電 B_L 等容導納 B_c，則總阻抗 Z 為純電阻，則電路中之總電流 I 與電壓 V 同相位。

諧振時 $B_L = B_c$

$$\frac{1}{2\,\Pi\,F_o\,L} = 2\,\Pi F_o\,C$$

$$\boxed{F_o = \frac{1}{2\,\Pi\,\sqrt{LC}}} \cdots\cdots\cdots\cdots\cdots\cdots\cdots\cdots\cdots\cdots （8\text{-}2\text{-}2）式$$

RLC 並聯諧振電路，發生諧振時，電感電流 I_L 與電容電流 I_c 其大小相等相位相反，故兩者互相抵消，所以電阻電流 I_r 等於電流。其相量圖如圖（8-2-2）所示。

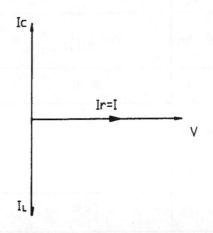

圖（**8-2-2**）RLC 並聯諧振電路電流相量圖

在 RLC 並聯諧振電路中，當諧振發生時，其頻率為 f_o 此時因為電流為最小值 I_{min}，當頻率降至 f_a 或升至 f_b 時，其電流均升至最小值之 $\sqrt{2}$ 倍，此 f_a 或 f_b 之率稱為邊緣頻率，f_a 或 f_b 之頻率差稱為諧振頻率之頻寬（$B\omega$），如圖（8-2-3）所示。

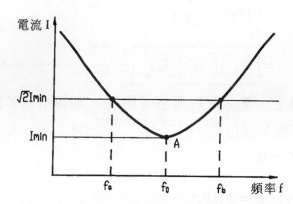

圖（**8-2-3**）RLC並聯諧振電路頻率與電流關係圖

RLC並聯諧振電路與RLC串聯諧振電路之比較，如表（8-2-1）所示。

表（**8-2-1**）串、並聯諧振電路之比較

類　別 項　　目	RLC串聯諧振電路	RLC並聯諧振電路
諧　振　頻　率	$F_o = \dfrac{1}{2\Pi\sqrt{LC}}$	$F_o = \dfrac{1}{2\Pi\sqrt{LC}}$
阻　抗　或　導　納	$Z = R$	$Y = G$
品　質　因　數	$\dfrac{X_L}{R}$	$\dfrac{B_c}{R}$
電　感　性	$f > f_o$	$f < f_o$
電　容　性	$f < f_o$	$f > f_o$
頻　帶　寬	$Bw = f_b - f_a$ $= f_o$	$Bw = f_b - f_a$ $= f_o$

◆ 三、實習設備與材料

名　　　　　稱	規　　格	數　　量	備　　　　　　註
信 號 產 生 器	正弦波輸出	1台	
數 位 式 三 用 表	一　般　型	1台	
交 流 伏 特 計	～ 150V	1台	
交 流 安 培 計	0～1A	1台	
電 　阻　 器	自　　訂	1只	
電 　感　 器	自　　訂	1只	
電 　容　 器	自　　訂	5只	
連 　接　 線	0.6mm	若干條	

◆ 四、接線圖

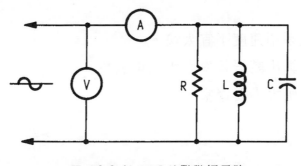

圖（**8-2-4**）RLC 並聯諧振電路

◆ 五、實習步驟

㈠ 完成圖（8-2-4）接線。

㈡ 調整信號產生器使輸出為正弦波信號，並使輸出電壓為 10V。

㈢ 調整信號產生器之輸出頻率，頻率由零逐漸增大，安培計會由大減少至某值時，頻率再增大電流值高，此電流最小值時之頻率即為諧振頻率。

㈣ 當諧振發生時，分別量取電阻、電感、電容元件之電及總電流值。

㈤ 降低信號產生器的輸出頻率，使安培計讀值為最小電流值的 $\sqrt{2}$ 倍，記錄此時頻率即為 f_a。

㈥ 增加信號產生器的輸出頻率，使安培計讀值為最小電流值的 $\sqrt{2}$ 倍，記錄此時頻率即為 f_b。

㈦ 更換電容值，電阻 R、電感 L 保持不變。

◆ 六、注意事項

㈠ 調整頻率速度不宜太快。

㈡ 先計算出諧振頻率大小，再調整。

㈢ 電壓值大小要適當。

◆ 七、實習結果

表 **(8-2-2)** RLC 並聯諧振電路實驗數據

V=10 伏

項目 ＼ 電容 C	C_1	C_2	C_3	C_4	C_5	備　　註
f_o						
I_r						
I_L						
I_c						
f_a						
f_b						
$B\omega$						

◆ 八、討論題綱

㈠ 為何並聯諧振發生時，電路呈純電阻性？

㈡ 並聯諧振發生時，為何線路總流值為最小？

㈢ 試導出並聯諧振之公式？

MEMO

單元九　暫態電路實驗

實習9-1　R－C暫態電路實驗

◆一、目的

㈠ 測量 R－L 暫態電路之充、放電路。
㈡ 了解 R－C 暫態電路之時間常數。

◆二、相關知識與原理

在做此實驗之前,我們必需了解電容量的定義為何;由公式 $C = Q/V_c$ 或 $Q = C \cdot V_c$ 電壓的調變影響電荷的變化,我們知道電容不會瞬間變化,因此在單位時間之 I_c 變化量為。

$$I_c = C \frac{dV}{dt}$$

………………………………………………（9-1-1）式

由（9-1-1）式中得知,電容電流 I_c 是由電容的大小及電容電壓對時間微分之乘積來決定。

圖（9-1-1）為 R－C 串聯充放電電路。

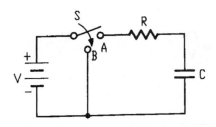

圖（9-1-1）R－C串聯充放電電路

㈠ 在 $\tau = 0$，電路是並無任何電壓、電流，當 S 與 A 接觸時，因電容電壓不會瞬間改變，所以 $V_c = 0$，所有電壓幾乎跨在電阻器上，因此將產生最大的充電電流 $I = \dfrac{V}{R}$，由（9-1-1）式中得知：

$$\frac{V}{R} = C \left. \frac{d V_c}{d t} \right|_{t=0}$$

所以　$\boxed{\dfrac{d V_c}{d t} = \dfrac{V}{RC}}$ …………………………………（9-1-2）式

由克希荷夫定律知

$V = V_R + V_c$　得

$\boxed{V_R = V \left(1 - e^{\frac{-t}{RC}} \right)}$ …………………………………（9-1-3）式

$\boxed{V_c = V\, e^{\frac{-t}{RC}}}$ …………………………………（9-1-4）式

$\boxed{I_c = \dfrac{V}{R} e^{\frac{-t}{RC}}}$ …………………………………（9-1-5）式

因此達到電源電壓和電容電壓相等時，充電即完成。

㈡ 在充電完成後，將開關轉向 B 時，此時為放電狀態。電阻 R，將消耗電容放出之電流，而使得電容電壓下降，所以

$$\triangle V_c = -R \triangle I_c$$

由定義 $C = \dfrac{Q}{V}$ （ $\therefore -R\triangle I_c = \dfrac{\Delta Q}{V}$ 兩邊同除$\triangle t$)

$$-R\frac{\Delta I_c}{\Delta t} = \frac{1}{C} \cdot \frac{\Delta Q}{\Delta t} = \frac{1}{C} I_c$$

$$\boxed{R\frac{\Delta I_c}{\Delta t} + \frac{1}{C} \cdot I_c = 0}$$ ……………………………………（ 9-1-6 ）式

$$\boxed{I_c = \frac{V}{R} e^{\frac{-t}{RC}}}$$ ……………………………………（ 9-1-7 ）式

$$\boxed{V_c = V e^{\frac{-t}{RC}}}$$ ……………………………………（ 9-1-8 ）式

綜和以上公式可得 R－C 充放電之曲線如下：

㈠ R－C 電路充電之 (1) V_c 曲線， (2) V_R 曲線， (3) I_c 曲線，

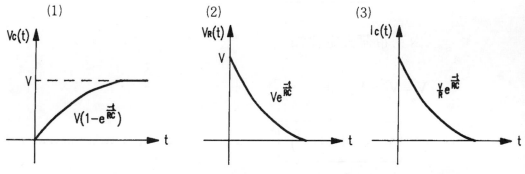

㈡ R－C 電路放電之 (1) V_c 曲線， (2) V_R 曲線， (3) I_c 曲線，

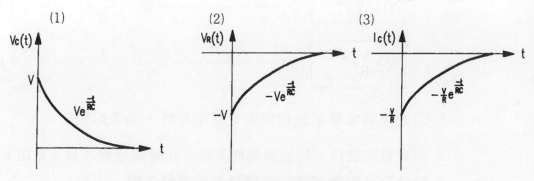

圖（ **9-1-2** ）R-C電路充放電特性曲線圖

◆三、實驗設備與材料

所需之實習設備與儀器，如表（9-1-1）所示

表（9-1-1）實習設備與材料

名　　　　稱	規　　　格	單　位	數　量	備　　　　　註
直流電源供應器	DC 30V 3A	部	1	
三　用　電　表	一般型式	台	1	
單　切　開　關	2P, ON - OFF	只	1	
電　壓　表	0～30V	台	1	
電　阻　器	10K, 20K, 30K, 40K	只	4	
電　　　容	1μF, 2μF, 3μF, 4μF	只	4	

四、接線圖

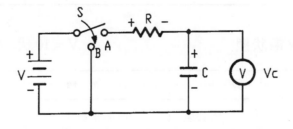

圖（9-1-3）R－C充放電接線圖

五、實習步驟

㈠ 如圖（9-1-3）接線完成。

㈡ 調整直流電源供應器，使電壓維持10伏特。

㈢ 當單切開關位置在" S"和"A"，為充電狀態；記錄其 V_c、V_R 值、電流 I 值及時間常數。

㈣ 當單切開關位置在 S"和"B"，為放電狀態；記錄其 V_c、V_R 值、電流 I 值及時間常數。

㈤ 繪出 V_c、V_R 及 I 對時間常數值暫態曲線。

◆六、結果

㈠ ⑴充電狀態　　　　　　　　　　　V = 10伏

電　　源	計　算　值		測　量　值			備　　註
	V_c電容	V_R電阻	時間常數 T_C	V_R	I	
$C_1 = 1\mu f$						
$C_2 = 10\mu f$						
$C_3 = 100\mu f$						
$C_4 = 1000\mu f$						

⑵放電狀態　　　　　　　　　　　V = 10伏

電　　源	計　算　值		測　量　值			備　　註
	V_c電容	V_R電阻	時間常數 T_C	V_R	I	
$C_1 = 1\mu f$						
$C_2 = 10\mu f$						
$C_3 = 100\mu f$						
$C_4 = 1000\mu f$						

㈡ 依據記錄繪 V_c、V_R 及 I 對時間常數之曲線。

◆七、注意事項

㈠ 電容的極性間要接對，以免誤動作。

㈡ 電源供應器（DC Power Supply）的正負極性不可接錯。

㈢ 電容之耐壓要高於外加電壓，以免燒毀電容。

◆八、討論題綱

㈠ 如下圖（9-1-3）圖所示，求時間常數 T＝？

㈡ 同上題，在 T＝5.5 sec 後 V_c＝？

㈢ 在第一題中，開始放電一個時間常數後之 V_C 值＝？（假設電壓被充至 10V）。

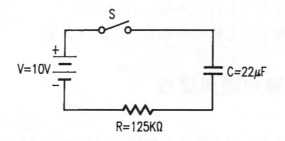

圖 **(9-1-3)** R—C充放電接線圖

實習9-2　R－L暫態電路實習

◆一、目的

(一) 測量 R－L 暫態串聯之充電電路

(二) 測量 R－L 暫態串聯之放電電路

(三) 了解 R－L 暫態串聯電路之時間常數

◆二、相關知識與原理

　　線圈本身具備有電阻性，而電感是由線圈繞阻所組成，當一個電感和一個電阻性負載串聯時，電阻值通常比線圈電阻來的大，所以一般都將它省略不加以計算，也就是將它視為零。

　　電感電流是不會瞬間改變，因此在單位時間之 V_L 變化，是由電感的大小及電流對時間微分之乘積來決定。

　　即　　$$\boxed{V_L = L \frac{d\,i}{d\,t}}$$　…………………………………………（9-2-1）式

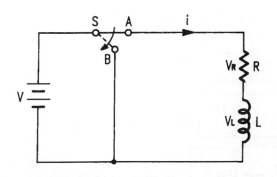

圖（9-2-1）為 R－L 串聯充放電電路

㈠在 T＝0，開關尚未切至 A 時，電路沒有任何電壓，電流值，當開關與 A 接上時，因電感具有對電流不會瞬間改變之性質，所以一接上時

$$I_L = 0$$

由克希荷夫電壓定律（KVL）知

$$V = V_r + V_L$$

$$\boxed{I_R + L\,\frac{d\,i}{d\,t} = V}$$ …………………………………………（9-2-2）式

由式（9-2-2）解得為

$$\boxed{I = \frac{V}{R}\left(1 - e^{\frac{-Rt}{L}}\right)}$$ …………………………………（9-2-2）式

$$\boxed{V_L = V\left(1 - e^{\frac{-Rt}{L}}\right)}$$ …………………………………（9-2-3）式

$$\boxed{I = V\,e^{\frac{-Rt}{L}}}$$ ………………………………………………（9-2-4）式

因此，當電路之電源電壓與電感電壓相同時，充電即完成。

㈡此電路穩定後，將開關轉至 B 時，為放電狀態。電感電壓瞬間變為負值，因時間的增加慢慢讓它變為零。

依 $$\boxed{L\,\frac{d\,i}{d\,t} + I\,R = 0}$$ ………………………………………（9-2-5）式

由（9-2-5）式中得知

$$I = \frac{V}{R} e^{\frac{-Rt}{L}}$$ ……………………………………………… (9-2-6) 式

$$V_r = V e^{\frac{-Rt}{L}}$$ …………………………………………… （9-2-7）式

$$V_L = - V e^{\frac{-Rt}{L}}$$ …………………………………………… （9-2-8）式

綜合以上公式得 R－L 充放電之曲線如下：

1. R－L 充電之 (1) V_L 曲線 (2) I (t) 曲線 (3) VR 曲線

(1)　　　　　　　　(2)　　　　　　　　(3)

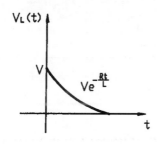 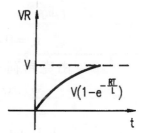

2. R－L 充電之 (1) I_L 曲線 (2) V_L 曲線 (3) VR 曲線

(1)　　　　　　　　(2)　　　　　　　　(3)

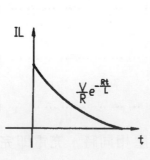 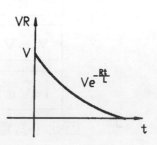

◆三、實習設備與器材

所需實習設備與儀器，材料如表（9-2-1）

表（**9-2-1**）

名　　　　稱	規　　　　格	單　位	數　量	備　　　　　註
直流電源供應器	DC 30V 3A	台	1	
直 流 電 流 表	2A	只	1	
三 用 電 表	一般型式	只	1	
切 換 開 關	雙投	只	1	
電　　　　感	100mH	只	1	
電　　　　阻	100 Ω , 200 Ω	只	2	

◆四、接線圖

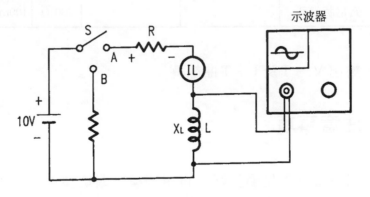

圖 **(9-2-2)** R－L充放電接線圖

◆五、實習步驟

㈠ 依圖 9-2-2 接線完成。

㈡ 調整直流電源供應器，使電壓為 10V。

㈢ 計錄在 A 點及 B 點時之 I_L 及 V_L 及示波器 V_L 之圖形。

㈣ 計錄更改電阻值 R 之 I_L 及 V_L 之數值。

㈤ 繪出 V 對時間及 I 對時間之曲線。

◆六、結果

㈠ 將記錄填入表（9-2-2）。

表 **(9-2-2)**

電壓	位　置	電感電壓 V_L	電感電流 I_L	電阻	電感	時間常數
10V	充電狀態 A			100 Ω	100mH	
10V	充電狀態 B			100 Ω	100mH	

電壓	位　置	電感電壓 V_L	電感電流 I_L	電 阻	電 感	時間常數
10V	充電狀態 A			200 Ω	100mH	
10V	充電狀態 B			200 Ω	100mH	

㈡ 繪出 V－T 及 I－T 曲線圖

◆七、注意事項

㈠ 記住電壓需先調整好，再用切換開關切換。

㈡ 不可在有電源下接線。

◆八、討論題綱

㈠ 推導 R－L 電路中電流改變之方程式？

㈡ 改變 R 及 L 值對 R－L 之影響？

㈢ 試推導出 R_L 電路之時間常數？

㈣ 如下圖（9-2-2）所示 A 開關置於 1 中求瞬間電流及最大電流各為多少？且當電流最大時，所需時間？

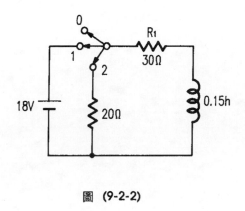

圖 (9-2-2)

MEMO

單元十　示波器之認識與使用

實習 10-1　示波器之認識與使用

實習 10-1 示波器之認識與使用

◆一、目的

瞭解示波器之基本構造及使用操作方法。

◆二、相關知識與原理

示波器電子電路測試、分析、檢查非常方便且重要的儀器,原文為 Oscilloscope 或簡稱 Scope,它可以顯示電壓,頻率、角度、電流等多項功能的儀器。

示波器之構造主要部份為陰極射線管或簡稱為 CRT,一般 CRT 可分成四大部份:

㈠ 電子槍 :由燈絲把陰極加熱後以產生電子束,然後以控制柵極之電壓,達到控制射入之電子數目。

㈡ 水平和垂直偏向板:主要是用來控制電子束之偏向。

㈢ 聚焦和加速裝置 :主要功能為將電子流,聚成一高速度之電子束。

㈣ 真空管與銀幕 :主要是顯示電子光束之位置,打到螢幕而顯示出來。

一般 CRT 各部份之功能，利用不同之控制電位，來達成電子束打入螢幕光點位置。因此電子電路中之電壓波形或電流波都可以在示波為測試時，在螢幕掃描出來。

示波器之種類，品牌甚為複雜，本實驗室是以雙軌跡示波器托福電子公司（Topward）編號 7025 或 7046 兩種為主。7025 為 20MHz，7046 為 40MHz，其面板介紹如下圖（10-1）所示。

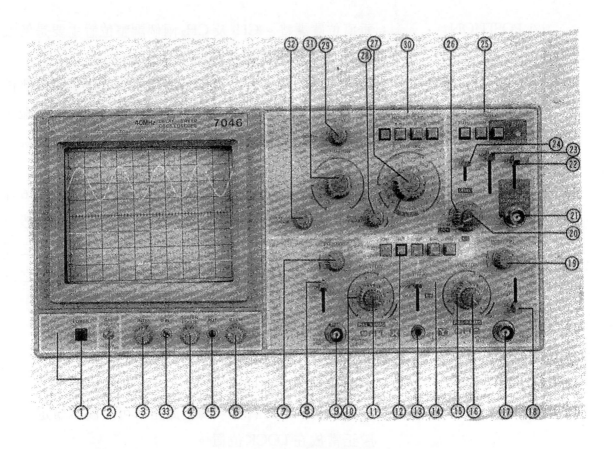

圖（10-1）示波器面板圖

(1) POWER ：電源開關（on/off）。

(2) CAL OUT ：標準校正電壓輸出訊號。

(3) INTEN ：亮度調整扭。主要是用來調整螢幕之亮度，一般以清楚為原則，不可太亮，以免影響 CRT 之壽命。

(4) FOCUS ：聚焦調整。主要是控制螢幕線條之粗細，一般以適中為原則不可太粗。

(5) ROT ：（ TRACE ROTATION ），掃描傾斜線修正。主要是將螢光幕掃描線受磁場偏向，傾斜時用螺絲起子來調整，以達到水平。

(6) ILLUM ：螢幕背景亮度調整。一般以適中為原則，不可太亮或太暗。

(7) POSITION ：垂直位置調整。CH_1 及 CH_2 兩個調整位置主要是使波形上下移動。此扭拉起可放大五倍。

(8) AC － GND － DC ：輸入方式切換開關：當放在 AC 則輸入信號 DC 部份被隔離，若放在 DC 時則輸入信號全部進入求來隔離。若置於 GND 則僅有基線輸出，沒有任何其它信號。

(9) CH_1 ：第 1 通道信號輸入，或 X 輸入。

(10) VOLTS/DIV ：垂直振幅衰減裝置。此裝置包括 10，11，15，16 等四項，CH_1 及 CH_2 之電壓大小做適當之衰減，一般言由大而小調整，其數字代表每格之伏特數。上端之紅色或黃色扭可做微調使用，正常時放在 " CAL " 之位置。

(11) ALT ：VERTCAL.MODE，選擇在水平模式。

(12) GND ：將信號接地。（接地端）

(13) INT TRIG ：觸發信號控制開關。

(14) LEVEL ：手動觸發基準點調整。調整此扭，可使波形穩定，一般正常放在 LOCK 位置。

(15) SLOPE ：觸發信號極性選擇。調整此扭可以改變信號之正負極性。

(16) EXT INPUT ：外部觸發輸入。

(17) COUPLING ：交連方式選擇開關。一般放於 AC 之位置。

(18) SWEEP.MODE ：觸發方選擇。一般置於 Auto 自動觸發位置。

⒆ SOURCE　　：觸發信號源同步信號選擇。

⒇ SEC/DIV　　：時基選擇扭。此扭用來調整水平掃描時間，使螢幕易於觀察，如每格的時間數。一般將紅色微調扭轉到 CAL 位置。

(21) INV　　：如 SLOPE 將信號反轉 180 度。

示波器信號之計算方法如下：

㈠ 交流信號測量。

(1) 將 AC － GND － DC 切到 AC 之位置。

(2) 測試棒從 CH_1 或 CH_2 輸入。

(3) 當測試棒爲 1 : 1 時則峰對峰值 V_{P-P} = Volt/DIV 乘示波器格數，當測試棒爲 10 : 1 時則 V_{P-P} = Volt/DIV × 格數 × 10 。

(4) 週期 T=SEC/Div × 橫向格數。

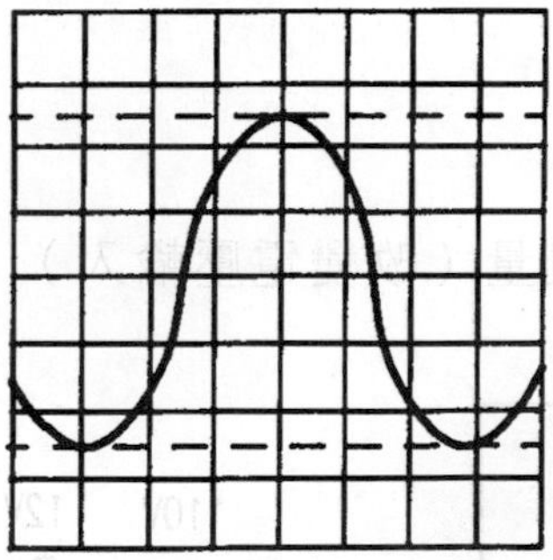

圖（10-2）

例：如圖（10-2）所示，設 Volts ／ DIV 爲 10 m v/DIV ，0.5ms/DIV 求峰對峰值電壓有效值電壓及調期、頻率。

解：

$$V_{P-P} = 5 \times 10mV = 50\ mV$$

$$V_{rms} = \frac{V_{P-P}}{2\sqrt{2}} = \frac{50}{2\sqrt{2}} = 17.68\ mV$$

$$T = 0.5 \times 8 = 4\ ms$$

$$f = \frac{1}{T} = \frac{1}{4 \times 10^{-3}} = 0.25\ KHz = 250\ Hz$$

◆三、實習設備與材料

表一

名　　　　稱	規　　　格	單　位	數　量	備　　　　　註
示　波　器	40MHz，雙軌	台	1	
信 號 產 生 器	AC110V	台	1	
電 源 供 應 器	0～30V	台	1	
三　用　表	一般型	台	1	
自 耦 變 壓 器	0～110V	台	1	
變　壓　器	110/12V	台	1	
電　　　線	0.6mm	圈	若干	

◆四、接線圖

㈠ 交流電壓測量（改變電壓輸入）

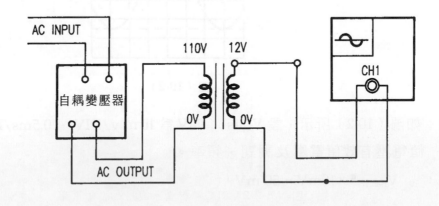

圖（10-3）

㈡ 改變頻率（電壓固定）測量

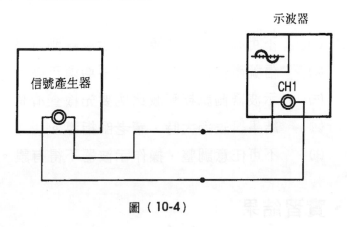

圖（10-4）

◆五、實習步驟

㈠ 交流電壓測量（改變輸入電壓）。

　　⑴ 改變輸入電壓使輸出電壓為 2，4，6，8，10，12伏。

　　⑵ 用三用表測其輸出有效電壓。

　　⑶ 用示波器測出其最大電壓。

　　⑷ 將記錄分別記入結果欄內。

　　⑸ 將結果做比較。

㈡ 改變頻率（電壓固定）測量

　　⑴ 改變信號產生器頻率為 1KHz，2KHz，5KHz，10KHz。

　　⑵ 將信號產生器輸出信號固定 10伏。

　　⑶ 用示波器測量其輸出頻率並記錄之。

　　⑷ 將輸出電壓改為 5伏，重做 ⑴ 至 ⑶ 步驟。

㈢ 直流電壓測量

　　⑴ 將電源供應器之電壓送 DC10伏，8伏，6伏，4伏，2伏。

　　⑵ 用示波器打到 DC位置用 CH_1 測量。

　　⑶ 用三用表打到 DC檔測量一次。

　　⑷ 將記錄分別填入結果欄內。

◆六、注意事項

(一) 不可直接將大電源送入示波器測試棒內。

(二) 信號產生器之頻率，電壓均須正確。

(三) 示波器測試棒衰減比例要先檢查清楚。

(四) 結果誤差過大時，請老師指導。

(五) 不可任意調整，操作示波器不得有誤。

◆七、實習結果

(一) 交流電壓測量（改變電壓）如表示所示

表二 電壓測量（AC）

V	三用表測量值			示波器測量值			備　　註
	V_{eff}	V_m	V_{P-P}	V_{P-P}	Vm	V_{eff}	$V_{eff} = \dfrac{V_m}{\sqrt{2}}$
AC 10V							$V_m = \dfrac{V_{P-P}}{2}$
AC 8V							f = 60 Hz
AC 6V							Volts/DIV = ?
AC 4V							
AC 2V							

(二) 交流信號測量（電壓固定）如表三所示

表三 電壓測量（可變頻率）

f	三用表測量值			示波器測量值			備 註
	V_{eff}	V_m	$V_{P-P}=2V_m$	V_{P-P}	V_m	V_{eff}	Volts/DIV = ? SEC/DIV = ?
1 kHz							
2 kHz							
3 kHz							
4 kHz							
5 kHz							
6 kHz							
7 kHz							
8 kHz							
9 kHz							
10 kHz							

(三) 直流電源測量如表四所示

表四 直流電壓測量

V	三用表測量值	示波器測量值		
		VOLTS/DIV	格數	電壓
DC 10V				
DC 8V				
DC 6V				
DC 4V				
DC 2V				

◆八、討論題綱

(一) 基準線不正確時要如何校正？

(二) 試比較示波器測量直流電與三用表測量值。

(三) 如何測出交流波形之相角？

(四) 將所測出之交流電壓波形繪在方格紙上。

(五) 試比較三用電表與示波器測出交流電壓之異同。

國家圖書館出版品預行編目資料

電工實習：交直流電路 / 鄧榮斌編著. -- 二版.
-- 新北市：全華圖書, 2011.10
面；　公分
ISBN 978-957-21-8282-6(平裝)

1.CST: 電路　2.CST: 實驗

448.62034　　　　　　　　　　100020290

電工實習-交直流電路

作者 / 鄧榮斌

發行人 / 陳本源

執行編輯 / 張峻銘

出版者 / 全華圖書股份有限公司

郵政帳號 / 0100836-1 號

印刷者 / 宏懋打字印刷股份有限公司

圖書編號 / 0280101

二版六刷 / 2022 年 12 月

定價 / 新台幣 250 元

ISBN / 978-957-21-8282-6 (平裝)

全華圖書 / www.chwa.com.tw

全華網路書店 Open Tech / www.opentech.com.tw

若您對書籍內容、排版印刷有任何問題，歡迎來信指導 book@chwa.com.tw

臺北總公司(北區營業處)
地址：23671 新北市土城區忠義路 21 號
電話：(02) 2262-5666
傳真：(02) 6637-3695、6637-3696

南區營業處
地址：80769 高雄市三民區應安街 12 號
電話：(07) 381-1377
傳真：(07) 862-5562

中區營業處
地址：40256 臺中市南區樹義一巷 26 號
電話：(04) 2261-8485
傳真：(04) 3600-9806(高中職)
　　　(04) 3601-8600(大專)

歡迎加入 全華會員

● 會員獨享

會員享購書折扣・紅利積點・生日禮金・不定期優惠活動…等。

● 如何加入會員

掃 QRcode 或填妥讀者回函卡直接傳真 (02) 2262-0900 或寄回，將由專人協助登入會員資料，待收到 E-MAIL 通知後即可成為會員。

如何購買 全華書籍

1. 網路購書

全華網路書店「http://www.opentech.com.tw」，加入會員購書更便利，並享有紅利積點回饋等各式優惠。

2. 實體門市

歡迎至全華門市（新北市土城區忠義路 21 號）或各大書局選購。

3. 來電訂購

(1) 訂購專線：(02) 2262-5666 轉 321-324
(2) 傳真專線：(02) 6637-3696
(3) 郵局劃撥（帳號：0100836-1　戶名：全華圖書股份有限公司）
※ 購書未滿 990 元者，酌收運費 80 元。

OpenTech.com.tw 全華網路書店

全華網路書店 www.opentech.com.tw
E-mail: service@chwa.com.tw

※ 本會員制如有變更則以最新修訂制度為準，造成不便請見諒。

讀者回函卡

掃 QRcode 線上填寫 ▶▶▶

姓名：　　　　　　　　　　生日：西元　　　　年　　　月　　　日　　性別：□男 □女

電話：（　　）　　　　　　手機：

e-mail：（必填）

通訊處：□□□□□

學歷：□高中・職　□專科　□大學　□碩士　□博士

職業：□工程師　□教師　□學生　□軍　□公　□其他

學校/公司：　　　　　　　　　　　科系/部門：

· 本次購買圖書為：　　　　　　　　　　　　　　書號：

· 您對本書的評價：

封面設計：□非常滿意　□滿意　□尚可　□需改善，請說明

內容表達：□非常滿意　□滿意　□尚可　□需改善，請說明

版面編排：□非常滿意　□滿意　□尚可　□需改善，請說明

印刷品質：□非常滿意　□滿意　□尚可　□需改善，請說明

書籍定價：□非常滿意　□滿意　□尚可　□需改善，請說明

整體評價：請說明

· 您在何處購買本書？

□書局　□網路書店　□書展　□團購　□其他

· 您購買本書的原因？（可複選）

□個人需要　□公司採購　□親友推薦　□老師指定用書　□其他

· 您希望全華以何種方式提供出版訊息及特惠活動？

□電子報　□DM　□廣告（媒體名稱　　　　　　　　　）

· 您是否上過全華網路書店？（www.opentech.com.tw）

□是　□否　您的建議

· 您希望全華出版哪方面書籍？

· 您希望全華加強哪些服務？

感謝您提供寶貴意見，全華將秉持服務的熱忱，出版更多好書，以饗讀者。

填寫日期：　　/　　/

2020.09 修訂

註：數字零，請用 Φ 表示，數字 1 與英文 L 請另註明並書寫端正，謝謝。
